좀비 고양이와
함께 배우는
양자물리학

Cóomo explicar fíisica cuáantica con un gato zombi
©2016, Mala Óbita, S.L.
Helena Gonzáez Buró, Javier Santaolalla Camino,
Oriol Marimon Garrido, Pablo Barrecheguren Manero
and Eduardo Saenz de Cabezó Irigarai
©2016, Penguin Random House Grupo Editorial S.A.U.
Travessera de gràia, 47-49. 08021 Barcelona
©2016, Alejandra Morenilla, for the illustrations
Cover design : Penguin Random House Grupo Editorial / Manuel Esclapez

Korean translation ©2018, Totobook Publishing Co.
All rights reserved
Korean translation rights arranged with
Penguin Random House Grupo Editorial through Orange Agency.

좀비 고양이와
함께 배우는
양자물리학

Cientificos sobre ruedas

빅반 지음

엘레나 곤살레스 부론

하비에르 산타올라야 카미노

오리올 마리몬 가리도

파블로 바레체구렌 마네로

하비에르 루리 카라스코소

이레네 푸에르토 히메네스

에두아르도 사엔스 데 카베손 이리가라이

남진희 옮김

팀

※ 본문의 보충 글이나 풀이 글은 모두 옮긴이가 작성한 것이다.

차례

"아! 오줌 마려워, 오줌 마려워 미치겠어요!"

그렇게 말하면서도 아다는 차창 밖을 바라보던 눈길을 거두지 않았다. 도대체 목적지엔 언제 도착할지 알 수 없었고, 방광은 터질 것만 같았다. 몸이 이리저리 꼬이며 부르르 떨렸다.

"아다, 조금만 기다려!"

운전을 하던 엄마가 입을 열었다.

"거의 다 왔어."

엄마는 마침내 몬토르네스의 조그마한 2층 집 앞에 차를 세웠다. 아다는 엄마에게 뽀뽀를 한 다음 쏜살같이 자동차 밖으로 뛰쳐 나갔다. 현관 앞에 두 팔을 활짝 벌리고 기다리고 있는 사투르니나 이모에게는 신경 쓸 틈도 없었다.

아다는 이모와의 이번 만남이 조금 멋쩍긴 했지만, 여름방학을 이모 집에서 보낼 수 있어서 정말 기분이 좋았다. 이모 집에서 그리 멀리 않은 곳에 있는 수영장에 매일 가거나, 스케이트파크에서 자전거를 녹초가 될 때까지 타도 좋을 것 같았고, 집 뒤에 있는 정원에서 접이식 침대 의자에 누워 책을 보며 일광욕을 하거나 사촌인 막스와 신나게 놀 수 있기 때문이다. 막스는 아다보다 성격이 차분하면서도 소심한 편이다. 막스 역시 이모 집에서 아다와 함께 방학을 보낼 수 있다는 것만으로도 무척 즐거웠다. 이모가 간식으로 만들어 주는 비스킷도, 아다와 몇 주 동안 질릴 때까지 컴퓨터를 하는 것도 기대되었다.

"아, 완전 시원해!"

아다는 화장실에서 나오며 큰 소리로 외쳤다. 그와 동시에 거실 소파에서 졸고 있던 막스를 발견했다.

"바보야! 나 왔단 말이야!"

아다는 한쪽 구석에 가방을 벗어 놓으며 소리쳤다. 가방을 멘 채 화장실에 달려갈 정도로 급해서 막스와 인사를 나눌 시간도 없었다.

"안녕! 이제 이 집엔 조용한 날 없겠네."

막스는 양 볼에 아다의 격렬한 뽀뽀를 받으며 대답했다.

늘 그렇듯 방학은 눈 깜빡할 사이에 지나갈 테고, 엄마 아빠가 아다를 데리러 다시 이모 집에 올 것이다. 벌써부터 아쉽긴 하지만 지금 이 순간엔 아다와 막스 모두 할 일이 정말 없었고, 더욱이 한낮이라 너무 더워 밖에 나갈 엄두도 나지 않았다.

이모는 이 동네에 오래 살아서 더위에 익숙해진 탓에 별로 개의치
않고 빵을 사러 나갔다.

"막스, 이 프로그램 좀 봐!"

아다가 텔레비전 채널을 바꾸며 입을 열었다.

막스는 철 지난 옛날 코미디를 본 체 만 체하며 고개만 끄덕였다.
몇 분 뒤 현관문 여는 소리와 함께 이모가 집 안으로 들어왔다.

"얘들아, 나 왔다. 너무 늦어서 미안해."

이모는 곧바로 부엌으로 갔다.

"내가 식사 준비하는 동안 누가 식탁 좀 차려 줄래?"

아다와 막스는 서로 힐끗 쳐다보기만 했다.

"날 도와주는 사람에겐 후식으로 비스킷을 주마."

둘은 다시 눈길을 교환하더니 쏜살같이 부엌으로 달려갔다. 아
다가 간발의 차이로 먼저 들어섰지만, 눈앞
에 있던 검은 고양이를 보자마자 얼어붙어
버렸다. 꾀죄죄한 털은 서로 엉켜 엉망인
데다 오른쪽 눈 위에는 흉터가 있었고,
왼쪽 귀는 물어뜯긴 것 같았다. 고
양이는 부엌 바닥에 놓인 접시에서
우유를 핥아 먹고 있었다. 길고양이
중에서도 가장 더러운 녀석 같았다.

"이모, 얘 뭐예요?"

아다가 고양이를 가리키며 물었다.

이모는 잠깐 가스 불에서 눈을 뗐다.

"고양이지. 고양이가 아니면 뭐겠어. 이 귀염둥이가?"

아다와 막스는 고양이를 쳐다보며 이모가 '귀염둥이'라는 단어에 대해 어떤 걸 생각하고 있을지 떠올렸다. 이모의 첫 번째 마스코트는 아다와 막스가 어렸을 때 집에서 기르던 '털실'이라는 이름의 털북숭이 못생긴 강아지였다. 그다음엔 '구슬'이라는 이름의 담비가 떠올랐는데, 몸통의 반쯤은 털이 빠지고 뚱뚱한 데다 성질까지 고약해서 아무도 가까이 가려 하지 않았다. 구슬은 2년 전까지만 해도 거실에서 가장 좋은 소파를 완전 독점하며 지냈다.

"페르난데스 집 근처 쓰레기통 사이에서 발견했어. 마침 그 집 아들인 마르코스와 마주쳤는데, 너희 그 애가 머리를 어떻게 했는지 봤어? 심한 닭 벼슬 같은 펑크스타일로 했지 뭐니. 머리를 제대로 빗어야 겨우 남자라는 걸 알 수 있을 정도라니까. 그건 그렇고, 이 고양이가 저런 얼굴로 나를 빤히 쳐다보는데 어떡하니? 집으로 데려올 수밖에."

"음, 착한 고양이 같긴 한데, 좀 더러워요."

"게다가 못생기기도 했고."

"못생겼다고? 더러워? 너희가 너희 어렸을 적 모습을 직접 봤어야 했는데. 이 불쌍한 고양이에게 유일하게 필요한 것은 따뜻한 집과 사랑이야. 그렇지? 우리 귀염둥이."

조용히 우유를 핥아 먹던 고양이는 이모 쪽으로 몸을 돌리더니, 이모의 따뜻한 마음에 보답이라도 하려는 듯이 배 속 쌓였던 조그만 헤어볼 뭉치를 토해 내고는 다시 우유를 핥았다. 더없이 평온한 모습으로.

"애한테 '모르티메르'라는 이름을 붙여 줄까 해. 고양아, 너도 그 이름이 마음에 들 거야, 그치?"

이모는 요리를 하면서도 끊임없이 이야기했다.

점심 식사를 마치자, 이모는 암벽 등반을 하다가 발목을 다친 친구 홀리아나 아줌마 집에 위문을 가야 한다고 말했다. 며칠 동안 집을 비워야 한다며 이모는 떠나기 전에 마지막으로 주의 사항을 몇 가지 주었다. 몇 년 전부터 매년 여름, 이모 친구들은 돌아가며 발목과 무릎, 그리고 엉치뼈를 다쳤다. 막스와 아다는 이 모든 것이 이모가 살고 있는 휴양 도시인 베니도름에 은퇴한 친구들을 끌어모으기 위한 이모의 작전이 아닐까 의심했다.

이모가 며칠 집을 비운다고 해도 둘은 별로 개의치 않았다. 아다의 계산에 따르면 엄청난 참사가 일어나도 충분히 먹고 지낼 만큼의 음식을 이모가 미리 만들어 두었기 때문이다.

"그리고 시그마에게 충분히 부탁해 뒀다. 수시로 너희를 지켜봐 달라고 말이야. 무슨 일이 일어나지는 않나 살펴봐 달라고. 우리 집 열쇠도 하나 맡겨 뒀어."

"시그마 아저씨한테 우리를 보살펴 달라고 부탁했다고요?"

막스가 뭔가 미심쩍은 듯이 눈꼬리를 올렸다.

이모는 잠깐 동안 생각에 잠기는 듯했다. 시그마 아저씨에게 정원의 화초를 돌봐 달라고 했을 때 무슨 일이 일어났었는지 떠올리는 것 같았다. 수국은 말라 죽었고, 반대로 제라늄 주변은 물바다를 만들었고, 무슨 까닭인지 몰라도 글라디올러스의 반은 정원 반대쪽으로 옮겨 심어 놨던 것이다. 시그마 아저씨는 이모 집 맞은편에 살고 있는 젊은 과학자이다. 과학과는 잘 어울리는 것 같긴 한데, 정원사로는 좀…….

"그래, 너희가 시그마를 잘 도와주면 되겠네. 아보카도도 충분히 있으니까. 시그마가 아보카도 좋아하는 것 잘 알지? 그리고 절대로 모르티메르 돌보는 것을 잊어선 안 돼. 잘 보살펴 주렴, 알았지? 그건 그렇고, 어디 있지? 우리 귀염둥이랑 작별 인사해야 하는데."

저녁 무렵이 되자 낡은 소형 밴이 경적을 울리며 이모 집 앞에 멈춰 섰다. 그러고는 상당히 나이 든 아주머니 두 분이 이모 집 창가에 모습을 드러내며 밝게 인사를 건넸다. 두 분의 나이를 더하면, 우주의 출발점까지도 갈 수 있을 듯했다. 이모는 서둘러 여행 가방을 들고 계단을 내려와 아다와 막스에게 작별 인사로 아주 짧은 입맞춤을 했다. 그런 반면 모르티메르에겐 끝도 없는 애교를 부리며 10분 넘는 시간을 할애했다.

"아이고, 내 새끼! 우리 냥이, 누가 널 제일 사랑하는지 알지?"

아다는 낯이 간지러울 정도였다.

마침내 이모와 아주머니들이 록 음악을 틀어 놓고, 한껏 멋을 부리며 자동차를 타고 미끄러지듯 떠나갔다. 아다와 막스는 이모를 태운 차가 둘의 시선에서 벗어날 때까지 현관에서 지켜보았다.

그 순간, 아다는 하늘에서 뭔가 이상한 것을 발견했다. 푸르스름한 띠 모양의 스타더스트(별 먼지)가 뱀처럼 꿈틀꿈틀 기어가면서 점점 더 밝고 강렬해졌다. 아다는 그 화려한 빛의 향연에 흠뻑 빠져들었다.

"막스, 막스! 저기 봐!"

막스는 시큰둥한 표정으로 아다가 힘차게 팔을 들어 가리키는 하늘을 심란하게 바라보았다.

"엇, 이게 뭐야!"

막스는 겁에 질린 표정으로 그것을 바라보았다. 띠처럼 생긴 빛은 계속해서 색을 바꾸었다. 푸른색에서 장밋빛으로, 장밋빛에서

붉은색으로, 그리고 다시 보라색과 노란색으로……. 그러더니 빛의 한쪽 끝이 하늘 전체를 뒤덮을 듯이 커졌다. 잘 살펴보니 다른 쪽 끝부분은 시그마 아저씨네 집에 연결된 것처럼 보였다. 빛이 마치 아저씨네 집에서 솟구치는 것 같았다.

"어어, 북극권의 오로라 같아!"

막스는 넋을 잃고 그 빛을 바라보았다.

"여기 위도가 몇 돈데! 지금 계절은? 그리고 시간이 몇 신데, 하늘이 장밋빛이라니! 이건 말도 안 돼!"

심화 자료 돋보기

'북극권의 오로라'는 저녁 하늘에 나타나는 냉광(물질이 외부 에너지를 흡수하여 열 없이 빛을 내는 현상)의 일종으로 북극과 남극 주변에서 빈번하게 일어난다. 북반구와 남반구 어디에서 나타나느냐에 따라 서로 다른 이름으로, 즉 북쪽에선 '북극광'으로 남쪽에선 '남극광' 등으로 불린다.

그런데 왜 하늘이 빛을 발하는 걸까? 태양에선 가끔 커다란 폭발이 일어나는데, 이때 엄청난 양의 물질을 우주 공간에 방출하기 때문이다. 그 물질은 전하(전기적 성질을 나타내는 원인 또는 원인이 되는 것)를 가진 입자를 의미하는데, 이것이 지구에 도달하여 자기장과 상호 작용을 한다.

어떤 작용을 하느냐고? 자 여길 보자. 지구는 거대한 자석인 셈이다(그래서 나침반이 기능을 할 수 있는 거지). 그리고 태양에서 날아온 전하를 띤 입자는 거대한 자석인 지구에 끌려 극지방을 향해 나아가는데, 거기에서 빠른 속도로 대기권으로 진입하면서 공기 분자와 부딪힌다. 이때 공기 분자들은 엄청난 양의 에너지를 받아들이는데, 원래 분자는 여기저기를 떠돌기 때문에 적은 양의 에너지만을 보유하고 싶어 하는 성질을 갖고 있다. 그래서 잉여 에너지를 빛의 형태로 방출하는데, 이것이 바로 오로라다. 네가 보기엔 어때? 멋있지?

아다와 막스는 집으로 들어가 거실을 가로질러 뒷길로 다시 나왔다. 마침 그곳을 산책하던 사람들이 걸음을 멈추고 일제히 시그마 아저씨네 집 쪽을 바라보았다. 반짝이는 띠 한쪽 끝이 그곳에서 솟구치는 듯이 보였다. 그리고 창문에선 오색영롱한 빛들이 새어나왔는데, 마치 클럽의 무대 조명이라도 켜진 듯했다.

"아저씨는 대체 뭘 하고 있는 거야. 밖에선 이런 소란이 벌어지고 있는데!"

막스는 조바심이 났다.

아다는 무지개처럼 생긴 북극광에 완전히 빠져들었다. 시그마 아저씨네 집에서 새어 나온 빛은 점점 더 강한 빛을 내며 더 빠른 속도로 색을 바꾸더니…… 갑자기 퍼어엉! 하는 소리와 함께 모든 빛과 오로라가 눈 깜짝할 사이에 사라져 버렸다.

몇 초 뒤 시그마 아저씨는 연기 탓인지 기침을 하면서 집 밖으로 빠져나왔다. 폭발 비슷한 사건이 터진 현장에서 멀쩡한 사람이 홀연히 나타나리라고는 아무도 상상할 수 없었다. 시그마 아저씨는 상식을 뛰어넘는 과학도로, 두뇌만 그런 것이 아니라 멋 부리는 것 또한 마찬가지였다. 아저씨는 앞머리를 최대한 멋지게 휘날리며 연기 속에서 모습을 드러냈다. 얼룩 한 점 없는 새하얀 가운에 최신 유행 티셔츠까지. 정말이지 멋 부리는 데에는 못 말리는 사람이었다.

"시그마 아저씨!"

둘은 동시에 소리치며 아저씨를 도와주러 달려갔다. 그러고는 이모네 부엌으로 아저씨를 데려갔다. 앞머리는 전혀 흐트러지지 않았지만, 아저씨는 상당히 정신 나간 사람처럼 보였다.

막스가 아저씨에게 물을 한 잔 건네주었다.

"물……."

아저씨는 혼잣말로 중얼거렸다.

"물 분자는 두 개의 수소 원자와 하나의 산소 원자로 이루어져 있지. 산소의 원자 번호는 8이고, 우리는 산소를 분자 형태로 호흡하는 데 사용하고 있지. 그리고……."

아다가 컵을 들어 아저씨 얼굴에 물을 뿌리자, 아저씨는 눈을 몇 번 깜빡거리더니 이내 정신을 차렸다.

"아, 안녕! 아다, 고맙다."

아저씨는 그제야 컵을 받아 들었다.

"막스도 안녕! 그런데 거울 좀 가져다줄래? 이쪽 머리카락이 다 젖었거든."

"아저씨, 도대체 집에서 뭘 하고 있었던 거예요?"

아다는 시그마 아저씨의 말은 들은 척도 하지 않고 자기 질문만 계속했다.

그 순간, 털이 좀 그을린 듯한 모르티메르가 부엌으로 들어와 조그만 혀로 바닥에 떨어진 물을 홀짝거렸다. 고양이를 보더니 아저씨는 격한 반응을 보였다.

"아차, 내 실험!"

아저씨가 갑자기 벌떡 일어서면서 외쳤다.

"내 실험실! 이 새끼 고양이가 내가 일하는 곳에 몰래 들어와서, 건드리면 안 되는 스위치를 눌러 버렸어. 이 나쁜 고양이 녀석! 그렇지만 귀엽긴 하네. 비록 실험을 망치긴 했지만, 너에게 화를 낼 순 없지. 하긴 주 원자핵의 출력이 허용치를 상당히 넘고 있었으니까."

"아저씨, 무슨 실험했어요?"

아다가 끈질기게 재차 물었다.

시그마 아저씨는 고양이를 안아 등을 쓰다듬으며 말했다.

"두 가지 양자quantum(물리학에서 상호 작용과 관련된 모든 물리적 독립체의 최소 단위) 상태에 있는 하나의 입자를 얻고 싶었어. **양자물리학**의 기본 조건에서 허용되는 것은 분명 아니긴 하지만."

"무슨 물리학이요?"

이번엔 아다와 막스가 한목소리로 물었다.

"양자물리학quantum physics. 물리학의 한 분야인데, 원자 차원에서 일어나는 현상을 연구하는 거야. 여기에선 고전역학(뉴턴역학)의 법칙이 적용되지 않거든. 양자물리학은 일상생활에서의 물리학, 즉 고전물리학으로는 설명할 수 없는 현상을 설명하기 위한 거야. 그러니까 아주 작은 물질의 세계를 통제하고 있는 물리 현상을……."

양자론이 주는 주의 사항

아주 미세한 세계로 들어가면 사물은 우리가 학교에서 배우는 물리학의 법칙을 따라 움직이지 않는다. 그러니까 학교에서 배우는 물리학은 고전물리학이라고 부르는데, 이걸로는 위성이나 로켓을 어떻게 궤도에 올려놓을까, 아니면 어떻게 다리를 만들까 정도를 계산할 수 있을 뿐이다.

그렇지만 아주 작은 것의 세계에선 사물은 또 다른 방식으로 움직인다. 아원자의 세계, 이건 벼룩이나 박테리아보다 훨씬 더 작은 세계를 말하는 건데, 이 세계로 들어가면 드디어 양자물리학의 아주 작은 물질이 만들어 내는 세계만이 보여 주는 법칙이 모습을 드러낸다. 그 결과물이 얼마나 멋있고 대단한지, 너희는 아직 모를 거야!

아저씨는 갑자기 얼굴을 찡그리며 뭔가에 집중하는 태도를 취했다.

"얘들아, 내가 의심 가는 게 하나 있는데. 조금 전에 우리 집에서 새어 나온 아주 작은 빛 같은 것을 보지 않았니? 보일락 말락 할 정도로 작은 빛 말이야."

"아주 작은 빛이라고요?"

막스는 눈살을 찌푸렸다.

"아저씨, 우리는 엄청난 빛줄기를 봤어요. 아저씨네 집에 불이 난 줄 알았는걸요. 하늘엔 빛이 굉장했어요. 마치 북극권의 오로라 같았다고요!"

"에이, 여기 위도가 몇 돈데! 게다가 계절도 계절이고, 시간은 또 몇 신데!"

"그러니까요. 좀 이상하긴 했어요."

"하지만 엄청 멋있었어요. 바로 그 양자물리학으로 이번 실험을 한 거예요?"

아다가 캐묻듯이 계속 질문을 던졌다.

"헤디 라마(미국의 배우 겸 발명가로 와이파이와 블루투스 기술의 기본 원리를 고안했다)와 원격 제어 장치 발명 덕이지! 빛을 만드는 것은 정말 어렵다니까."

아저씨는 얼굴이 창백해지면서 흥분하기 시작했다.

"폭발이 실험실 안에 있던 고양이를 덮쳤는데! 내 생각엔……. 아, 조금 어지럽구나. 얘들아, 나를 우리 집에 좀 데려다 줄래?"

아저씨는 모르티메르를 바닥에 내려놓으며 불에 그슬린 고양이 머리에 입맞춤을 했다. 고양이는 야옹 소리를 내며 셋을 쫓아왔다. 하지만 막스는 또다시 고양이가 탈출하지 못하게 문을 꽉 닫으며 말했다.

"안 돼, 모르티메르! 너는 여기에 있어. 우리 금방 갔다 올게, 알았지? 맙소사, 고양이한테서 바비큐 냄새가 나잖아."

아저씨네 거실로 들어간 아다와 막스는 책장에 꽂힌 엄청난 양의 과학책에 기가 질렸다.

"우와, 알렉산드리아 도서관에 온 것 같아요! 전부 아저씨 책이에요?"

아다가 감탄사를 연발했다.

아저씨는 막스의 도움을 받아 소파에 앉으며 고개를 끄덕였다. 물리와 화학에서부터 수학, 생물학, 공학, 역사 그리고 사회과학까지, 이 세상 모든 과학책이 여기 모여 있는 것 같았다. 책 목록은 끝이 없었다. 어떤 책은 표지가 정말 예뻤고, 형형색색의 아름다운 삽화로 가득한 책도 있었다. 낡은 책도 있었고, 여백에 깨알같이 주석을 달아 놓은 책도 있었다.

"아저씨, 이 책 좀 빌려줄 수 있어요?"

아다는 손에 '양자물리학 개론'이라는 제목이 달린 책을 들고 있었다.

아저씨는 눈을 반쯤 감고서 고개를 끄덕였다.

"그렇게 하렴. 너희가 책을 조심스럽게 다루기만 한다면 언제든 좋아. 만일 이해가 되지 않는 부분이 있으면 내게 물어봐도 되고. 나는 다 읽었으니까. 오, 안녕, 고양아!"

아저씨는 거실 입구 쪽에서 야옹 소리를 내고 있던 모르티메르에게 웃음을 지었다.

"모르티메르! 여기 어떻게 들어왔어?"

막스는 깜짝 놀랐다. 고양이는 거무스름한 눈으로 막스를 바라보더니, 야옹 소리와 함께 등을 잔뜩 웅크렸다.

"분명히 문을 잘 닫고 나왔는데."

"막스, 좀 전에 있었던 빛 폭발로 모르티메르에게 뭔가 이상한 일이 생긴 건 아닐까. 그렇지 않고는 설명이 안 되잖아. 혹시 신비한 힘을 얻었다거나. 모르티메르가 닫힌 문을 뚫고 나올 수 있나 한번 살펴보자. 폭발로 인해 슈퍼히어로가 탄생한 예가 한두 번이 아니니까."

"그렇지만 모르티메르는 슈퍼맨인 클락 켄트처럼 몸짱도 아니잖아. 창문이나 그와 비슷한 구멍이 있는 곳을 통해 빠져나왔을 거야. 고양이는 곧잘 그렇게 하니까."

막스가 대답하는데, 등 뒤에서 시그마 아저씨의 코 고는 소리가 들려왔다. 그사이 아저씨는 소파에서 곤하게 잠이 든 모양이다.

막스 어떤 책을 고를 거야?

아다 양자물리학에 관한 책. 마치 유령 세계 같잖아! 우리 주변에 있긴 한데, 우리는 볼 수 없는 세계니까. 그리고 모르티메르가 진짜로 실패한 양자역학 실험에서 살아남은 동물이라면……. 막스, 내가 알기론 말이야. 모르티메르를 바보로 만들거나, 아니면 반쯤 죽게 만들거나 좀비로 만들어 버릴 수도 있었을 거야!

막스 그렇지만 넌 아저씨네 집에서 무슨 일이 일어났는지 전혀 모르잖아.

아다 그렇긴 하지만 추론할 순 있지. 저기 고양일 봐. 조용히 앉아 다리를 핥고 있잖아. 뭔가 숨기고 있는 거야. 우리에게 뭔가 숨기고 있는 게 분명해!

막스 네 말에 살짝 넘어갈 것도 같다. 진짜로 양자물리학에 관한 책을 읽어 보긴 한 거야? 모르티메르에게 아무 일도 일어나지 않앉을지도 모르잖아. 털을 조금 그을린 것 빼곤 말이야. 아무튼 못생긴 건 예나 지금이나 똑같아.

아다 너도 궁금해 죽겠지? 과학에 도전하는 건 정말 매력적인 일이야. 그건 분명해! 과학에 우리가 찾아야 할 세계가 있을 거야. 아주 작은 황당한 것들의 세계 말이야!

막스 좋았어! 이번 기회에 양자물리학 전문가가 되어 보자. 이 여름에 말도 안 되는 일을 꾸미는 사람들도 있는 법이니까. 안 그래? 생각보단 쉬울 거야. 그래, 쉬워!

CHAPTER 1

양자물리학 : 파동과 입자의 이중성

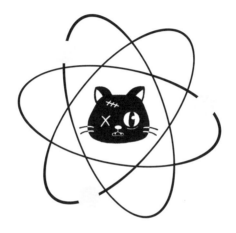

"에고, 또 마렵네! 한밤중엔 일어나기 싫은데."

아다는 침대 밖으로 기어 나오며 중얼거렸다. 겨우겨우 화장실에 가려고 몸을 일으켰다. 그 순간 새 룸메이트가 된 모르티메르가 생각났다. 고양이를 찾으려고 침대 밑을 살펴보았지만, 어젯밤에 마련해 준 자리에 없었다. 오 마이 갓! 고양이를 찾아야만 했다. 절대로 잃어버려선 안 되는데. 별자리가 그려진 잠옷을 입고 머리는 산발을 한 채 아다가 방에서 나왔다. 그제야 막스가 한 시간째 모르티메르를 찾아 헤매고 있었다는 사실을 알았다.

"고양이가 날 깨웠어. 방으로 몰래 들어오더니 내 얼굴을 핥아 대기 시작해서 별수 없이 시그마 아저씨의 제일 비싼 노화 방지용 크림을 발랐지. 그랬더니 계속 울어 대더니만 방을 나가 버린 거야. 사방을 샅샅이 찾아봤어. 집에 있는 장롱이란 장롱은 다 뒤졌고, 침대 밑과 상자 속, 구두 상자까지 깡그리 뒤졌어. 고양이는 상자에 들어가는 것을 좋아하니까."

이제 찾아볼 만한 곳은 단 한 군데뿐이었다. 둘 다 그곳이 어딘지 알고 있었지만 아무도 입을 열지 않았다. 다른 사람들은 잘 모르지만, 사실은 굉장히 무서워서 그곳에 들어가기는 죽기보다 더 싫었다. 거긴 원래 이모 집에 붙어 있는 차고였는데, 지금은 쓰지 않는 물건을 보관하는 창고로 쓰인다. 먼지를 뒤집어쓴 이상한 물건으로 가득 찬 창고엔 간혹 거미줄 쳐진 곳도 있고, 이상한 소리를 내는 물건도 있다. 최악은 창문이 하나도 없어서 빛 한 점 새어 들어오지 못한다는 것이다.

"모르티메르가 어디 있는지 알 것 같아."

아다는 꿀꺽 침을 삼키며 어쩔 수 없다는 듯이 입을 열었다. 추리 소설을 좋아하는 아다는 언젠가는 도난이나 실종, 유괴 같은 사건을 해결하고 싶어 했는데, 이번이 정말 좋은 기회였다. 아다는 용기를 내려고 탐정이나 된 것처럼 단호한 목소리로 말했다.

"랜턴 들고 날 따라와!"

그러고는 반쯤 몸을 돌리고 문 쪽으로 막 걸음을 옮기려는 순간, 막스가 갑자기 아다의 팔을 잡아챘다.

"아다. 내 생각…… 내 생각으론 분명…… 부운명…… 어어…… 여어기 어딘가에 있을 것 같아. 다, 다아시 찾아보자."

"야, 겁쟁이처럼 그러지 마! 갈루스 갈루스 도메스티쿠스(닭의 학명)……. 꼭 해리포터의 주문 같지 않아? 너 혹시……."

"아니야. 겁나서 그런 거 아냐! 절대로 아냐! 근데 나만 여기 혼자 남겨 두지 마. 같이 가!"

아다와 막스는 손을 꼭 붙잡고 집을 나섰다. 차고 문이 너무 낡아 아다는 어쩔 수 없이 힘껏 발로 걷어차 문을 열었다. 창고 안은 어두워서 아무것도 보이지 않는 데다가 먼지가 풀풀 일어나는 바람에 입과 코를 막아야 했다. 둘은 손을 붙잡은 채로 잠깐 동안 문을 등지고 서 있었다. 그 순간 아다는 자신이 바보 같다는 생각이 들었다.

"야, 내 손 놔! 망할 놈의 고양이 찾으러 가야지. 랜턴 이리 줘!"

막스는 몸이 벌벌 떨리는 것을 참을 수 없었다. 랜턴의 밝은 불빛에도 불구하고 안심이 되지 않았다. 시간이 흐를수록 마치 공포 영화의 한 장면 같다는 생각이 자꾸만 들었다. 한밤중 사라진 고양이, 낡은 가구, 여기저기 쏠린 자국이 있는 가방들……. 좀비나 시체가 갑자기 튀어나올 것만 같았다.

"여기서 동물 냄새가 나는 것 같지 않아? 강아지 냄새 같은데."

생각이 여기에 미치자 아다는 생기를 띠며, 상자와 가구 사이를 날쎄게 기어가는 뱀처럼 재빠르게 움직이기 시작했다.

"여기 봐. 털이 있어. 털을 찾았어! 이것 좀 보라고. 그런데 고양이털이 아니라 역시 개털인가. 이거 뭐지? 여길 좀 자세히 봐."

먼지 때문에 코를 막고 잠자코 문 옆에 붙어 서 있던 막스는 아무 냄새도 맡을 수 없었다. 하지만 아다의 적극적인 모습에 자극을 받았는지 그제야 어깨를 으쓱했다.

"그래, 털이 좀 길긴 하다. 이게 개털이라는 것을 확실히 알려면 현미경으로 자세히 살펴봐야……."

"그런 걸로 시간을 흘려보낼 순 없어. 내 말 잘 들어 봐. 내 촉은 절대 틀리는 법이 없어. 우리가 찾은 건 고양이털이 아니라 분명히 개털이야!"

"그렇지만 아다, 모르티메르는 고양이잖아. 발톱이 날카로운 못생긴 고양이. 내 팔에 남긴……."

"고양이는 고양이인 동시에 개가 될 수 없을까? 시그마 아저씨 책에서 전자에 대해 이와 비슷한 이야기를 본 것 같은데."

"고양이는 동시에 다른 것은 될 수 없어."

"그렇지만 고양이는 전자로 이루어져 있어. 여기에 양성자와 중성자가 더해져서……. 전자는 동시에 두 가지 물질이 될 수 있단 말이야. **파동**도 될 수 있지만 동시에 **입자**도 될 수 있거든."

"그래, 그건 나도 알아. 그렇지만."

"막스!"

아다는 재미있는 생각이 떠올랐는지 두 눈을 반짝였다.

"우리 앞에 있던 고양이, 혹시 양자 고양이 아닐까?"

심화 자료 돋보기

두 가지 형태로 나타날 수 있는 특성을 우리는 '이중성'이라고 부른다. 이것은 우리가 발견한 양자역학에서 가장 중요한 특성이기도 하지만, 여전히 아직 명확하게 이해하진 못하고 있다.

이중성에 대한 신비를 확실히 밝히기 위해 한 가지 물질을 예로 들어 설명하고자 한다. 그렇지만 고양이는 아니다. 고양이에게는 불가능하다. 도라에몽에겐 가능할 수도 있지만……

그 현상 안으로 들어가기 전에, 반드시 파동과 입자에 대해 알아야 한다. 너희는 둘 중 뭐가 더 마음에 드니?

파동이니 입자니?

막스 나는 입자가 더 좋아. 잘 정의되어 있으니까.

아다 나는 파동이 더 좋은데. 파〜동! 파〜동! 파〜동!

우리 이야기를 읽고 있는 넌 누구 편이니? 네 편을 골라 봐!

❶ 입자

입자는 아주 작은 둥근 공처럼 생긴 데다가 움직이는 과정에서 당구 공처럼 부딪히기도 해.

저비용 실험

종이 한 장을 계속해서 절반으로 자른다면 넌 몇 번이나 자를 수 있니? 자, 종이 한 장을 절반으로 접은 다음 잘라 봐. 그다음 절반으로 자른 종이를 다시 반으로 접고 잘라 보렴. 또 반복하라고? 그래, 다시! 절반은 버리고 남은 반쪽만 잡고 접으면 돼. 그럼 종이의 4분의 1이 남을 거야. 이 종이 4분의 1쪽을 들고……. 뭘 하면 되는지 짐작하겠지? 그래, 다시 접어서 잘라 보렴. 이번 과제는 할 수 있는 데까지 계속해서 반으로 접고 잘라 나가는 거야.

몇 번이나 할 수 있었니? 나는 아홉 번 할 수 있었어. 나는 좀 양자적인 성격이거든. 네 친구들과 겨뤄 봐. 누가 가장 많이 접을 수 있는지 비교해 봐!

종이를 반으로 접어 잘라도, 여전히 네겐 반쪽의 종이가 남아 있지. 다시 반으로 잘라도, 네게 남은 건 여전히 종이야. 나처럼 아홉 번을 똑같이 반복한다 해도 마찬가지야.

여기에서 한 가지 질문을 던져 볼게. 계속해서 종이를 반으로 잘라 나간다면, 다시 말해 손으로는 더 이상 할 수 없어 칼, 울버린 같은 가위손, 혹은 X선 등 뭐든 사용해서 자른다고 했을 때, 계속해서 작은 종잇조각을 얻을 수 있을까? 언젠가는 더 이상 나눌 수 없는 그런 때가 오지 않을까? 아니면 무한히 반복할 수 있을까?

고대 그리스의 초기 철학자들은 이런 식으로 질문을 던졌어. 너도 잘 아는 기원전 50여 년에 살았던, 대리석상에 새겨진 아리스토텔레스, 데모크리토스를 비롯한 여러 철학자들이 말이야. 모든 닭싸움에서처럼 이들은 두 편으로 나뉘었지. 물질을 가장 작은 조각으로 나누면 더 이상은 나눌 수 없는 때가 반드시 온다고 생각한 **원자론자 편**과 무한하게 나눌 수 있다고 생각한 **비원자론자 편**으로 말이야.

심화 자료 돋보기

초창기 그리스의 원자론자들로는 레우키포스와 데모크리토스를 들 수 있어. 그렇지만 위대한 현인 아리스토텔레스가 물질을 끝없이 분할할 수 있다고 반대 의견을 분명하게 밝힌 탓에, 그들의 이론은 별로 영향력을 발휘하지 못했지.

더 이상 분할하기 어려워진 이 작은 종잇조각에 그리스의 원자론자들은 '원자'라는 이름을 붙였어. 원자론자들의 대장 격인 철학자는 데모크리토스였어. 하지만 아쉽게도 이들 무리는 비원자론자들에 비해 소수에 불과했어. 그래서 비원자론자들과 더 심하게 다

투었을 테고, 이건 내 생각이긴 한데, 그들에게 "너는 더 이상 자를 수 없는 존재야!"라고 소리치고 싶었을 거야.

기억해 두자!

원자(atom)라는 단어는 그리스어에서 '없음'을 뜻하는 접두사 'a'와 '자르다'라는 의미를 가진 'tomo'에서 비롯된 거야. 다시 말해서 더 이상 자르거나 나눌 수 없다는 의미에서 왔지. 너는 지금 물리학뿐만 아니라 그리스어도 동시에 배우고 있어, 정말 근사하지 않니? 하지만 크게 쓸모 있진 않을 거야. 더욱이 그리스의 어느 골목길을 걸으며 "아토모, 아토모, 아토모." 하고 중얼거린다면 사람들은 아마 너를 나사가 하나쯤 빠진 녀석이라고 생각할걸!

데모크리토스는 네가 주변에서 볼 수 있는 모든 것, 예를 들어 돌멩이, 집, 멋진 셔츠를 입고 돌아다니는 사람, 모두 원자로 이루어져 있다고 생각했어. 어떤 식으로 원자를 조합하느냐에 따라, 마치 레고 조각을 조립하는 것처럼 서로 다른 사물이 된다고 생각했던 거야.

심화 자료 돋보기

 원자를 가지고 노는 건 마인크 래프트 게임을 하는 것과 같아. 도끼를 갖고 싶으면 작업대에서 목재 세 장과 나무 막대기 두 개를 이어 만들면 되는 것처럼 말이야. 목재 한 장과 나무 막대기 두 개를 연결하면 삽도 만들 수 있고. 마인크래프트 게임에서는 모든 게 이런 식인데, 원자 또한 마찬가지야. 서로 다른 원소(물질을 구성하는 원자들의 종류)를 다양하게 결합하면 흙, 뼈, 돌멩이 혹은 나무나 모래, 그리고 유리도 만들 수 있을 거라고 보았지.

이 두 편 중 누구의 주장이 맞는지 결론을 내리지 못하고 무려 2000년 이상이 흘렀어. 드디어 1803년 존 돌턴이라는 영국의 화학자가 나타났어. 돌턴은 실험을 통해 처음으로 물질은 분명 끝이 있다는 사실을 알아냈지. 그는 더 이상 나눌 수 없는 조각인 원자를

우연히 만나게 되었어. 그리고 원자를 어떻게 결합하느냐에 따라 모든 물질을 만들어 낼 수 있다고 보았지. 수소, 산소, 탄소 등 몇몇 원자가 바로 생명체의 기본 원소인 셈이야. 여타의 구리, 은, 금 등을 잘게 잘라 만든 원소들도 있지.

예를 들어, 소금은 나트륨 원자와 염소 원자가 결합하여 만들어 졌고, 공기는 질소와 산소로 이루어진 거야. 우리 인간들 역시 탄소, 수소, 산소, 배꼽 속의 때, 또 다른 다양한 원자로 만들어졌지.

심화 자료 돋보기

돌턴은 아주 가난한 집에서 자라서 별다른 교육을 받지 못 했어. 그런데도 교수직을 얻을 수 있었고, 가스와 원자에 대한 연구로 역사적인 인물이 되었지. 붉은색과 녹색을 구분하지 못하는 적록색맹이란 단어가 그를 기리기 위해 만들어진 거라는 사실, 알고 있었니? 돌턴이 바로 적록색맹이었고, 처음으로 시각적인 결함을 과학적으로 설명하려고 노력했어. 모든 색을 구별하지 못하거나, 몇 가지 색만 구별할 수 있는 시각적인 결함인 색맹에 대해서 말이야.

그렇다면 원자란 무엇일까?

새벽 3시, 시그마 아저씨가 차고에 모습을 드러냈다. 이 괴짜 과학자는 말끔한 잠옷 차림에 영화 〈스타워즈〉에 나오는 이와크족의 슬리퍼를 신고, 낮에도 단정한 앞머리를 유지하기 위해 헤어 롤을 말고 있었다.

"애들아, 여기서 뭐 하고 있니? 너희 괜찮은 거야?"

"앗, 깜짝이야! 시그마 아저씨. 아다가 파동과 입자, 그리고 개와 고양이의 이중성에 대해서 이야기하는 중이에요. 저는 이해가……."

막스가 잘 모르겠다는 듯이 어깨를 으쓱했다.

"새벽 3시에 말이니?"

아저씨는 깜짝 놀라는 표정이었다.

"정말 놀라운 일이네. 입자, 전자, 양성자, 원자! 브라보, 아다! 새벽에 나누는 대화치곤 정말 판타스틱하다!"

헤어 롤을 말고 있던 시그마 아저씨는 흥분한 얼굴이었다. 누군가 과학 이야기를 꺼내면 언제나 똑같은 표정이 되곤 한다. 노래를 부르기도 하고, 알 수 없는 말을 중얼거리기도 하고, 어떤 땐 춤까지 쳤다. 이번엔 엉망으로 망가진 의자 위에 올라가 연극 대사라도 외우듯이 큰 소리로 다음과 같은 말을 읊기 시작했다.

"지구는 태양 주위를 돌고 있다. 다른 행성과 마찬가지로 계속해서……."

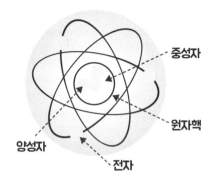

"막스, 너 이거 알고 있었니? 보자, 내가 도와줄게. **수성, 금성, 지구, 화성. 원자도 이와 비슷해.** 한가운데 공처럼 생긴 원자핵을 가지고 있지. 행성이 태양 주변을 돌듯이 **전자가 서로 다른 거리를 두고 원자핵 주변을 돌고 있단다. 원자핵은 양성자와 중성자로 이루어져 있고.** 자, 그림으로 보여 줄게. 이리 오렴!"

언젠가 네가 전자와 원자핵 사이엔 무엇이 존재하는지 물어본 적이 있었지. 전자와 원자핵 사이엔 한마디로 말해 텅빈 공간이 있단다. 잘 봐! 자동차를 타고 전속력으로 달리는 세계적인 카레이서 페르난도 알론소의 얼굴을 잡아 늘리듯이, 원자를 늘려 아주 크게 뻥튀기 할 수 있다면, 그러니까 수백, 수천만 배 더 크게 만들 수 있다면, 아마 아래처럼 될 거야.

- 원자핵은 축구장 한가운데 놓인 침핀의 둥근 머리 크기라고 생각하면 되지 않을까.
- 전자들은 관람석을 뛰어다니고 있을 테고.
- 그리고 그 사이엔…… 아무것도 없다!

원자는 거의 완벽하게 비어 있는 공간이야. 우리 인간 역시 텅 빈 공간으로 이루어져 있고.

그렇다면 다양한 형태의 원자들은 어떤 차이를 가지고 있을까? 각자 가지고 있는 양성자와 중성자, 그리고 전자의 개수가 서로 달라. 예를 들어…….

- 수소 원자는 하나의 양성자와 하나의 전자로 이루어진다.
- 철 원자는 26개의 양성자, 30개의 중성자, 26개의 전자로 이

루어진다.

- 금 원자는 79개의 양성자, 118개의 중성자, 79개의 전자로 이루어진다.

그러므로 우리가 세상에서 볼 수 있는 모든 것은 이 세 가지 입자, 즉 양성자와 중성자, 그리고 전자의 결합으로 이루어진 거야. 그렇다면 입자란 무엇일까?

양자론이 주는 주의 사항

내 보물! 만약 금과 철이 똑같은 성분으로 되어 있다면, 철을 많이 결합시켜 금을 만들 수도 있지 않을까? 이것이 바로 연금술사들의 꿈이었어. 연금술은 근대 화학이 성립되기 이전까지 약 2,500년 이상 유럽에서 꾸준히 행해졌는데, 이는 고대 이집트의 야금술(광석에서 금속을 골라내는 방법이나 기술)과 그리스 철학의 원소 사상이 결합되어 생긴 원시적 화학 기술이야. 물론 연금술의 추종자 중엔 뉴턴과 같은 아주 유명한 과학자도 있었어.

오늘날엔 철을 금으로 바꾸는 것이 얼마든지 가능해. 또 언제든 할 수 있지만, 다만 문제는 네가 아주 온도가 높은 곳에 있어야만 해. 예를 들면, 별의 폭발(초신성이라고 알려진 것)이 일어나는 곳이라든지 말이야. 결론적으로 철은 별의 심장부에서, 예컨대 별의 중심에서 **핵융합**에 의해 가장 가벼운 핵들이 결합되면서 만들어져.

웜홀
196쪽으로

❷ 파동

파동은 공간을 통해 전달되는 떨림이야. 너도 간단하게 파동을 만들어 볼 수 있어. 끈의 한쪽 끝을 묶어 두고 다른 쪽 끝을 빠르게 올렸다 내렸다 반복하면, 이러한 움직임이 끈 전체로 전달되는 것을 볼 수 있어. 파동이 움직이는 원리는 이와 같아. 내가 파동의 성격 중에서 가장 좋아하는 건 **물질을 운반하지 않으면서도 에너지를 전달한다**는 점이야. 물질은 진동하지만 이동하진 않아. 끈의 예에서 봤듯이, 방을 가로지르는 끈의 한쪽 끝이 움직이기 시작하면 에너지가 (운동의 형태로) 끈의 다른 쪽 끝에 도달하지만, 그렇다고 끈의 시작점이 방 저쪽으로 이동해 간 것은 아니니까.

이 같은 파동은 사방에 널려 있어. 예를 들면, 바다에서는 파도라는 형태의 파동을 볼 수 있고, 뱀은 파동의 형태로 땅을 기어가

지. 그리고 비록 우리가 볼 수는 없지만 소리 역시 파동으로 이루어져 있어. 너 혹시 휴대폰으로 어떻게 인터넷을 할 수 있는지 알고 있니? 파동의 형태로 정보를 보내거나 받을 수 있기 때문에 우리가 인터넷을 할 수 있는 거야. **만일 파동이 없다면 당연히 인터넷도 할 수 없어.** 오예, 파동 만세!

네가 만일 끈을 이용해 실험했다면, 너 역시 파동에 마루(물결이나 음파 따위에서 가장 높은 부분)가 있는 것을 볼 수 있어. 가장 중요한 특성은 **파동의 주기**인데, 이는 **매질의 한 점이 한 번 진동하는 데 걸리는 시간을** 의미해.

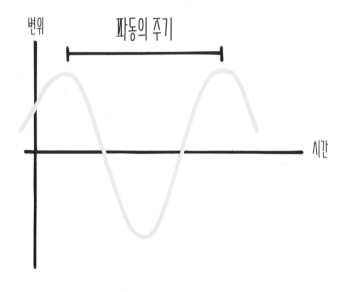

저비용 실험

먼저 설거지통에 물을 반 뼘쯤 채워 보자. 그다음 돌멩이나 구슬, 혹은 여타의 작지만 무게가 있는 물건을 설거지통 한가운데에 떨어뜨리고 나서, 어떤 일이 벌어지는지 살펴보자. 별로 새롭진 않을 테지만, 이번만큼은 신경 써서 자세히 살펴보자. 작은 물결이 만들어지고 원을 그리며 점점 커지면서 주변으로 퍼져 나가는 것을 볼 수 있어. 이것을 파동이라고 부르지.

이제 너의 번득이는 영감을 사용할 차례야. 미래의 아인슈타인, 준비됐니? 설거지통에서 만들어진 **물결 파동의 주기**를 최대한으로 정확하게 재 보자.

어떻게 재면 될까? 네가 한 실험을 꼼꼼하게 수첩에 기록해 두렴. 길이를 잰 다음 그 결과를 적어 두면 될 거야.

힌트 : 물 표면에 자를 대고 있으면 돼. 그리 멋진 방법은 아니지만 파동의 주기를 잴 수는 있을 테니까.

파동의 특성은 사방으로 퍼진다는 점이야. 너는 이미 그러한 특성을, 예컨대 유리구슬이 물에 충격을 준 지점에서 파동이 생겨 사방으로 퍼져 나가는 것을 설거지통에서 확인했을 거야. 그렇지만 파동의 또 다른 특성도 있어. 충돌하면 튀어나오는 특성이 있어서, 모든 곳으로 구석구석까지 나아갈 수 있지. 그러니까 파동은 뚫고 지나갈 수 없는 장애물에 부딪히면, 심하게 머리를 쓰지 않고 다시 튕겨져 나와 이번엔 다른 곳을 향해 계속 나아가는 거지. 어떤 방향이 되었든 개의치 않고 말이야. 이러한 현상을 **반사**라고 해.

잘 보자! 네가 이야기를 시작하면 작은 파동을 만들어 내게 되고, 그 파동이 네 친구의 귓가에 도달하게 되는 거야. 네가 아무리 낮은 소리로 이야기해도 수학 선생님 귀에도 도달하게 될 게 분명해. **반사 덕분에 파동은 여기저기 충돌하여 튕겨져 나오면서 구석구석까지 나아갈 거야.** 그래서 네가 샤워하면서 부르는 노래를 거실에서도 들을 수 있어. 그리고 산에 올라가 괴성을 질렀을 때 산이 네게 돌려보낸 소리도 들리는데, 이것을 우리는 **메아리**라고 해. 네 입에서 나온 낭랑한 파동이 산이 만든 벽에 부딪혀 다시 튕겨 나와 너에게 되돌아온 거지. 산도 귀와 입을 가지고 있는 것처럼 보이지 않니?

파동이 가지고 있는 성격 중에서 내가 가장 좋아하는 하나는 **굴절이야.** 그릇에 물을 가득 채운 다음 수저를 넣고 옆에서 살펴보자. 사실은 그렇지 않은데도 수저가 좀 구부러진 것처럼 보일 거야. **파동이 어떤 매질(예를 들면 공기)에서 다른 매질(예를 들면 물)로 들어가게 되면 살짝 방향을 틀게 돼.**

빛의 경우도 마찬가지인데, 공기를 가로지르는 빛은 우리에게 수저를 보게 해 주지만, 빛이 물에 들어가게 되면 살짝 방향을 틀어

물에 잠긴 수저 부분이 마치 공기 중에 있는 수저의 다른 부분과 맞아떨어지지 않는 것처럼 보여. 이와 같은 굴절은 빛 역시 파동의 일부이기 때문에 일어나는 현상이야.

"아냐, 아다. 꽃에서는 파동이 발생할 수 없어! 빛은 입자야. 멀리에서도 보인다고."

막스는 자기가 원할 땐 정말 머리가 빨리 돌아간다.

"막스! 절대로 당나귀 한 마리를 세 마리로 볼 수는 없어. 빛은 반사도 하고 굴절도 해. 파동이니까."

"얘들아!"

시그마 아저씨는 좀 들뜨기 시작했다.

"너희 둘 다 멋진 주장을 했어. 이건 단 한 가지 방법으로만 해결할 수 있는데……."

"논쟁 형태의 과학-철학적이고 논리적인 토론을 해야 하죠?"

막스가 질문을 던졌다.

"아니, 실험을 해야 해! 실험이라는 실질적인 방법을 통해서 증명해야 하지."

아다가 단정적인 말투로 못을 박았다.

"둘 다 소용없어. 우리가 할 수 있는 것은……."

축구 경기! 빛은 파동일까, 입자일까?

여러분, 안녕하십니까. 양자 스타디움에 오신 것을 환영합니다! 곧 이 경기장에서 열리게 될 세기의 경기를 소개하고자 합니다. 최고 중의 최고, 단 한 번도 본 적 없는 신기한 경기라고 자신합니다. 마침 태양도 밝게 빛나고 있습니다. 햇빛 가득한 날이지요. 햇빛은 생명을 살릴 뿐만 아니라 나무를 자랄 수 있게 하고, 해변에서 일광욕도 가능하게 해 줍니다. 빛이 사물에 반사되어 튕겨 나오고, 이 반사된 빛이 우리 눈에 들어옴으로써 우리는 사물을 볼 수 있습니다. 그렇다면 **빛은 파동일까요, 아니면 입자일까요?**

뛰어난 학식을 자랑하는 세계적인 물리학자들이 한 세기에 걸친 경기에서 각각의 선택지를 방어해 왔습니다. 각 팀의 선수 명단을 살펴봅시다.

여러분은 어떤 팀을 선택하시겠습니까? 빛은 파동일까요, 아니면 입자일까요? 빨리 팀을 결정하십시오. 아다-파동 팀과 막스-입자 팀 중에서 말입니다.

아다-파동 팀	막스-입자 팀
제임스 클러크 맥스웰(주장)	아이작 뉴턴(주장)
굴리엘모 마르코니	르네 데카르트
토머스 영	알베르트 아인슈타인
크리스티안 하위헌스	아리스토텔레스
하인리히 헤르츠	피에르 가상디

진리를 도출하기 위해 뜨겁게 맞서 싸울 두 팀을 열렬히 환영합시다. 각 팀은 빛의 성질에 대해 제출한 설명을 방어하기 위해 최고의 방어진을 구축하고 있습니다.

누가 먼저 공격할지 결정하기 위해 동전 던지기를 하고 있습니다. 자, 입자 팀의 선공입니다. 심판이 손을 들고 호루라기를 불어 경기 시작을 알립니다. 드디어 경기가 시작됐습니다!

제일 먼저 공을 연결받은 선수는 오른쪽 측면을 파고들던 입자 팀의 아리스토텔레스입니다. 한 명, 두 명, 드디어 세 명까지 제치고 드리블을 합니다. 공이 튕겨져 나왔지만 재차 잡아서 볼 터치를 하고 있습니다. 멈추지 않고 앞으로 몰고 가 슛을 때립니다! 아, 안타깝습니다! 파동 팀의 하위헌스의 손에 걸립니다. 그렇지만 입자 팀의 위력적인 첫 번째 공격이었습니다. 입자 팀, 처음부터 거칠게 몰아붙입니다. 왜 자신들이 우승 후보인지를 확실하게 보여 주고 싶어 하는군요.

과학자 캐릭터 카드 아리스토텔레스

기원전 4세기, 아리스토텔레스는 빛은 입자라고 생각했다. 당시만 해도 이 친구는 한 걸음 앞선 사람이었다. 그 시대에는 실험이나 경험보다는 관념, 즉 이데아를 더 중시했기 때문에 빛은 입자라고 이야기하는 것만으로 만족해야 했고, 결코 실험을 통해 정확하게 밝히려고 시도하지 않았다. 어느 날 아리스토텔레스는 침대에서 일어나며 **"빛은 입자야."**라고 말했다. 상당수의 철학자들은 그의 주장을 긍정적으로 받아들였다. 철학자들은 잘 알려진 바와 같이 생각하는 것과 토론하는 것을 정말 즐기는 사람들이다. 그러나 과학에서는 무엇을 생각한다는 것만으로는 아무 소용도 없다. 그것을 증명해야만 한다.

계속해서 입자 팀이 경기를 지배하고 있습니다. 아리스토텔레스가 주장인 뉴턴에게 공을 찔러 넣어 주었습니다. 뉴턴이 공중돌기를 하며 바이시클 킥을 시도합니다. 이 친구는 진짜 브라질 사람 같군요. 골대 정면에서 움직이면서, 정조준, 슛! 아아, 공이 골대를 스치며 지나가는군요.

과학자 캐릭터 카드 **아이작 뉴턴**

17세기 영국에서 태어난 뉴턴은 역사상 가장 뛰어난 과학자 중 한 사람이다. 어머니의 농장에서 했던 실험을 통해 과학사에 매우 중요한 만유인력의 법칙을 발견했다. 또 하나, 뉴턴의 위대한 업적 중 하나는 빛에 대한 연구다. 그는 태양에서 지구로 날아온 **하얀 빛에 엄청나게 많은 색이 결합되어 있다는** 사실을 발견했고, 유리로 만든 프리즘을 이용한 실험을 통해 빛을 수많은 색으로 분할해 내는 데 성공했다. 덕분에 뉴턴은, **무지개가** 무엇인지를 설명할 수 있었다. 한 걸음 더 나아가 그는 빛이 아주 작은 입자로 이루어져 있다고 생각했는데, 아쉽게도 그것을 증명해 내진 못했다.

파동 팀 입장에서는 숨 막힐 정도의 압박이 계속되고 있습니다. 마르코니의 결정적인 판단으로 게임을 다시 반전시킬 수 있을까요. 마르코니가 반대편 진영으로 깊숙하게 파고들어 갑니다. 마지막 순간에 대표 팀에 발탁되어 상대팀에 잘 알려지지 않은 파동 팀의 영이 수비 라인 사이에서 수비수를 따돌리는 데 성공했습니다. 다시 패스를 이어받은 그가 드리블로 최종 수비수인 입자 팀의 아리스토텔레스를 제쳤습니다. 입자 팀 골키퍼가 공을 잡으려고 뛰어나왔지만……. 이럴 수가! 골키퍼가 나오는 것을 비웃으며 기민하게 움직인 영이 기어코 공을 골 망으로 밀어 넣는군요!

고오오오올입니다!

골! 골! 파동 팀의 골이 스코어보드에 새겨집니다.

1 : 0

양자 스타디움은 관중의 환호 소리에 떠나갈 지경입니다. 이 골과 함께 전반전이 막을 내리는군요.

과학자 캐릭터 카드 **토머스 영**

18세기 영국에서 태어난 토머스 영은 의사였는데,
물리학 분야에 당대 최고의 공헌을 한 사람이다. 그는
그의 이름을 딴 **영의 이중 슬릿 실험**으로 유명해졌다. 이 실
험에서 영은 빛을 아주 가까운 거리에 있는 두 개의 슬릿(갈라
진 틈이 있는 얇은 판)에 통과시켰다. 실험의 결과는 두 개의 돌멩
이를 옥조에 동시에 던진 것과 똑같았다. 두 개의 원형 파동
이 만들어져 사방으로 퍼져 나갔
는데, 두 개의 슬릿 뒤에 있는 스
크린에서 영은 간섭 현상이 일어
나는 것을 발견할 수 있었고, 이를
통해 **빛이 파동임을 증명**했다.

웜홀
65쪽으로

여기는 다시 후반전 경기가 시작된 양자 스타디움입니다. 골을
넣은 여세를 몰아 파동 팀이 경기의 주도권을 잡고 흔들고 있습니
다. 영이 맥스웰과 함께 경기를 이끌고 있군요. 맥스웰은 우선 헤
르츠에게 공을 연결했고, 헤르츠는 입자 팀 수비수로부터 벗어날

수 있게 벽을 만들어 줬습니다. 오프사이드가 아닙니다. 골에어리어를 밟고 서 있던 맥스웰이 골라인 1미터 전방에 서 있는 헤르츠에게 다시 공을 연결했고, 헤르츠가 슛을 날립니다! 골, 골인가요? 아뿔싸! 공이 골대를 아슬아슬하게 빗나갔습니다. 입자 팀에선 안도의 한숨이 새어 나옵니다.

과학자 캐릭터 카드 제임스 클러크 맥스웰

뉴턴의 전 세계적인 명성 때문에 뒤늦게 받아들여지긴 했지만, 영의 실험은 빛이 입자인지 파동인지에 대한 논란을 깨끗이 정리해 버렸다. 하지만 '어떤 종류의 파동일까?'라는 의문은 여전히 남아 있었다. 1865년 영국의 물리학자 맥스웰은 빛에 대한 과학 이론을 한층 더 발전시켰는데, 그는 빛이 전기와 자기에 의한 파동이라는 것을 밝혀냈다. 이를 이어받아 독일의 물리학자 하인리히 헤르츠는 맥스웰의 이론을 증명하는 파동 실험을 하였고, 훗날 미국의 전기공학자 니콜라 테슬라와 이탈리아의 발명가이자 기업가인 굴리엘모 마르코니는 헤르츠의 실험과 맥스웰의 이론을 이용하여 라디오를 발명하였다. 바로 여기에서 출발하여 휴대폰과 텔레비전, 와이파이 등이 만들어졌다. 이때까지 빛이 파동이라는 것에 의심을 제기할 사람이 없었다.

입자 팀은 좀처럼 상대 팀의 골문을 위협하지 못합니다. 그러는 가운데 후반전도 거의 다 끝나 가고 있는데요. 남은 경기 시간은 5분, 골을 만들어 내긴 좀처럼 쉽지 않을 것 같습니다.

오히려 파동 팀의 굴리엘모 마르코니가 아주 과감한 패스로 경기를 주도하고 있습니다. 그러나 파동 팀 수비수의 실수를 지켜본 상대편 선수가 있습니다. 바로 입자 팀의 알베르트 아인슈타인입니다. 어느 누구보다도 경기에 집중하고 있던 그가 아주 미묘한 지점에서 공을 가로챘습니다. 마르코니가 재차 빼앗으려고 했지만, 이번엔 아인슈타인이 더 민첩하게 움직이는군요. 아인슈타인이 정확하게 공을 컨트롤해서 맥스웰을 제치는 순간, 그가 가장 좋아하는 측면에서 공이 그의 왼발에 정확하게 걸렸습니다. 좀 멀긴 하지만 바로 슛을 때릴 수 있을 것 같습니다. 아인슈타인이, 정말 멋진 킥을, 전 세계를 깜짝 놀라게 할 강력한 슛을 날립니다! 공이 직선으로 날아갑니……

고오오오오올!

아인슈타인의 전혀 예기치 못했던 한 방이 파동 팀의 골대 오른쪽 모서리에 꽂혔습니다.

1 : 1

1800년대까지만 해도 빛이 파동이라는 점에 대해서 아무도 의심을 하지 않았다. 하지만 이에 대한 연구와 실험은 계속해서 이루어지고 있었다.

가장 호기심을 불러일으킨 것은 **광전 효과**라고 불리는 현상이었다. 이는 **금속판에 빛을 쪼이면,** 빛이 가지고 있는 에너지가 금속판으로부터 전자를 방출하게 하고 전류를 만들어 낸다는 것이다.

이러한 실험 결과는 독일의 물리학자 아인슈타인이라는 천재가 이 세상에 오기 전까지는 별다른 의미를 가지지 못했다. 그는 광전 효과를 설명하기 위해, **빛은 파동이 아니라, 최근엔 광자**(光子)**라고 불리는 다발 형태의 에너지를 가진 입자라는 가설**을 내놓았다.

네가 할아버지 할머니의 과자 상자에서 초콜릿 비스킷을 집어 들 듯이 전자는 에너지 다발을 잡을 수 있는데, 이런 식으로 빛의 에너지를 흡수해 금속판에서 방출이 이루어지고 전기가 만들어지는 것이다.

아인슈타인에 따르면 이렇게 빛이 입자라는 전제로 접근해야지만 광전 효과에서 관찰되는 현상을 제대로 설명할 수 있다.

네가 친구들과 함께 멋진 사진을 찍고 그것에 '셀카'라는 이름을 붙였듯이, 빛 입자에도 이름을 붙였다. 비록 아인슈타인은 이름을 붙이는 데까진 나아가지 못했지만 빛 입자에 대해 처음으로 거론했고, 1926년 미국의 물리학자인 길버트 뉴턴 루이스가 빛 입자에 '광자(光子)'라는 이름을 붙였다.

이게 웬일입니까! 입자 팀의 아인슈타인이 경기 마지막 순간에 동점골을 넣었습니다! 파동 팀이 경기장 중앙의 센터서클에서 다시 경기를 시작하고 있지만, 이젠 시간이 정말 촉박하군요. 심판이 시계를 보기 시작했습니다.

자, 심판이 호루라기를 불어 경기 종료를 선언했습니다. 우주에서 가장 물리학적이고 원자적이었던 경기가 동점으로 막을 내리는군요.

그렇다면 빛은 도대체 무엇일까?

"잠깐만, 잠깐만 기다려요. 파동 팀과 입자 팀이 동점이면 도대체 어떻게 되는 거예요?"

아다가 몹시 흥분했다.

"이건 말도 안 돼요! 승부차기라도 해야 하는 것 아닌가요? 아니면 다른 방법을 쓰든지. 빛이 입자인지 파동인지 확실히 결론 내야 할 것 아니에요?"

아다는 축구 이야기가 동점으로 끝나자 투덜거리기 시작했다.

"맙소사, 승부차기 같은 건 없어. 너희 둘, 양자물리학의 첫 번째 전성기를 방문한 것을 환영한다! 경기 결과가 말해 주듯이 **빛은 파동이면서 또한 입자인 셈이야.** 동시에 두 가지 성질을 다 갖고 있지."

막스가 대화에 끼어들었다. 멍한 표정이 조금은 졸려 보였다.

"그렇지만 이건 좀 무책임한 것 같아요. 고양이는 고양이일 뿐이에요. 고양이가 고양이면서 동시에 개가 될 수는 없잖아요. 의자면 의자지, 의자가 동시에 책상일 수는 없잖아요. 이건 누구나 다 아는 상식이라고요. 하나의 사물이 동시에 다른 물질이 될 수는 없어요. 동시에 반대의 성격을 띤 물질이 될 수는 없다고요. 이것이든 저것이든 한 가지일 수밖에는 없잖아요."

"으흠, 그렇진 않아. 물론 상상하기가 쉽진 않을 거야. 그렇지만 양자의 세계에선 이런 일이 상당히 많이 일어난단다. 빛은 파동이면서 동시에 입자이기도 하니까. 결과적으로 빛을 어떤 시각에서 바라보느냐에 따라 달라지는 거야. 입자도 될 수 있고, 파동도 될 수 있지. 우리가 하는 실험에 따라서 말이야. 자, 이제 **파동과 입자의 이중성 원리**에 들어온 것을 환영한다!"

양자론이 주는 주의 사항

비록 좀 황당한 이야기처럼 들릴 수 있겠지만, 그렇다고 그리 황당한 것만은 아니다. 확실한 것은 파동이나 입자가 아니라, 우리가 전혀 본 적도 없고 어떤 모습을 가지고 있는지도 모르는 그 무엇인 셈이다.

우리가 아는 것이라고는 어떤 식으로 바라보느냐에 따라 파동이 될 수도 있고, 입자가 될 수도 있다는 것뿐이다. 다음 그림을 보자!

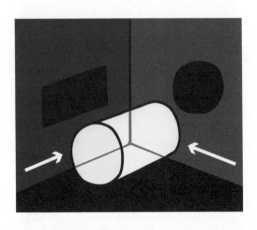

만약 우리가 그림자만 볼 수 있다면 이 물체를 무엇이라고 생각할까? 그림자를 본 사람들 중에 어떤 이는 사각형이라고 할 것이고, 다른 쪽에서 본 이는 원이라고 할 것이다. 누가 옳은 걸까? 그래, 두 사람 다 옳다. 왜냐하면 사실 우리가 보고 있는 것은 한쪽에서 보면 사각형이지만, 다른 쪽에서 보면 원, 즉 원통이니까.

파동과 입자의 이중성은 양자의 세계가 지닌 신비한 성질 중 하나인 셈이다. 많은 경우 사물들이 생긴 것처럼 그렇게 단순하진 않다는 것을 우리에게 알려 주는 것이다. 이런 현상은 빛에서만 일어나는 것이 아니라, 전자와 같은 입자에서도 일어난다. 그래, 이젠 너도 전자의 이중성에 대해 좀 더 알고 싶어진다고? 조금만 참아 줘! 이런 수수께끼는 다음 장에서 해결해 줄 테니까.

아다와 막스 그리고 시그마 아저씨가 다시 거실로 돌아갔다. 모르티메르는 입자처럼 거실 소파에 파묻혀 파동처럼 꼬리를 흔들며 조용히 이들을 기다리고 있었다.

"여길 보렴. 내 사랑스런 야옹이야."

시그마 아저씨는 조금 지나치게 애교를 부렸다.

"쳇, 내가 보기엔 하나도 안 예쁜데."

아다는 좀 언짢은 말투였다.

"이 고양이는 좀 양자적인 데가 있어. 얘를 분명히 차고에서 봤잖아. 빛처럼 고양이면서 동시에 개인 이중성을 가진 것 같은데. 이 냄새며, 털……. 이 털 좀 봐! 개털이잖아. 차고엔 1732년 이후 아무도 들어가지 않았다고."

"나를 제외한다면 맞는 얘기긴 하구나. 태극권 연습할 때 내가 가끔 차고에 들어갔거든. 긴장을 푸는 음악을 틀고 있으면, 그 안이 마치 조용한 바다처럼 느껴지지."

"아저씨, 그래도 이건 아저씨 털이 아니잖아요. 이 털은 색이 좀 더 어두운 편이고 더 억세다고요. 그러니까 이건 분명히 개털이에요! 으응, 이 수수께끼는 여전히 풀리지 않고 있어요. 제 생각에 해답은 저 양자 고양이가 쥐고 있는 것 같아요."

아다는 문제의 털을 아저씨 머리카락에 대 보면서 색깔이 다르다는 것을 직접 확인했다.

"자, 여길 한번 볼까?"

시그마 아저씨는 한쪽 팔을 들어 털이 잔뜩 난 겨드랑이를 보여 주었다.

"그러니까 이건 내 겨드랑이 털이라고!"

아저씨는 아다의 손에 들린 털과 자신의 겨드랑이 털을 비교해 깔끔한 결론을 내렸다.

"이제 수수께끼가 풀렸으니 그만 가서 자자!"

CHAPTER 2

양자 중첩

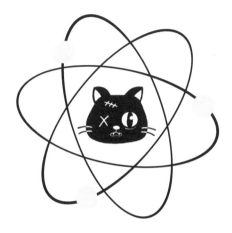

분주한 밤을 보낸 탓에 아다와 막스는 늦잠을 잤다. 하지만 아침은 제대로 차려 먹으며 지난밤을 기념하고 싶었다. 둘은 식탁에 앉아 비스킷과 코코아 분말을 가득 넣은 우유를 든든하게 마셨다.

그런데 갑자기 위층에서 천둥 치는 소리가 들려왔다. 베이징 교향악단의 현악기 위에서 하마 군단이 삼단뛰기를 연습하기로 작정한 듯한 어마어마한 소리였다. 둘은 서로를 바라보면서 동시에 소리쳤다.

"모르티메르다!"

아다와 막스는 나는 듯이 위층으로 달려갔다. 고양이 울음소리에 이어 쌓아 놨던 물건이 와르르 쏟아지는 소리가 들려왔다. 다락방이다!

"그 고양이는 절대로 조용하게 지낼 것 같지 않아. 이모는 세입자고르는 눈이 정말 엉망이라니까. 더 이상 문제를 일으키기 전에 우리가 먼저 찾아야 해! 그래도 그 고양이는 시치미를 뚝 떼겠지만."

아다가 막스의 손을 잡아끌었다.

"서두르자! 겁쟁이 짓은 그만하고. 고양이가 또 도망칠 거야."

"난 겁쟁이가 아냐! 그렇지만 온통 먼지투성이가 될 텐데……. 어젯밤 차고에서와 똑같은 상황이 벌어질 거라고. 너도 잘 알겠지만."

아다는 막스를 매섭게 노려봤다.

"알았어. 그래도 다락방엔 올라가 보자. 최소한 다락방에는 창문은 있으니까."

막스는 셔츠 깃을 코를 덮을 정도로 세워 올리며 마지못해 따라나섰다.

천장의 통풍구를 아래로 내리고 작은 사다리를 타고 다락방으로 올라갔다. 전구엔 불이 들어오지 않았지만, 빛(이미 너도 아는 것처럼 파동과 입자의 형태로)이 먼지투성이 창문으로 새어 들어와 어둡진 않

062

왔다. 사방에 낡은 가구가 산더미처럼 쌓여 있었고, 어떤 것은 바닥에 쓰러져 있기도 했다.

"모르티메르가 또다시 도망치지 못하게 통풍구를 닫아!"

아다가 말하자 막스는 낡은 가구를 덮어 놓은 천 쪽으로 다가갔다. 천의 아래쪽은 너무 낡아 실오라기가 풀려 있었고, 군데군데 긁힌 자국이 있었다.

"아다, 증거를 찾았어!"

"어디 봐!"

아다가 한걸음에 달려왔다.

"긁힌 자국이네. 이건 모르티메르가 낸 자국일 거야. 분명해! 여기 어딘가에 고양이가 있는 게 분명하다고!"

다시 주위를 둘러봤지만 고양이는 보이지 않았다. 아다는 혼란스러웠다.

"너도 들었지?"

막스도 고개를 끄덕였다. 그렇지만 확신은 하지 않는 표정이었다.

"벌써 고양이가 다락방에서 빠져나간 것 아닐까? 난 잘 모르겠어. 근데 너 말이야, 고양이한테 강박관념이 있는 것 같아."

"빠져나갔다고? 어디로? 통풍구와 창문, 모두 닫아 놨는데. 기다려 봐, 혹시 환풍기 구멍으로 빠져나갔을지도 모르겠네."

아다는 금속판의 아주 작은 구멍을 가리켰다.

"모르티메르는 고양이야, 쥐가 아니라고. 아무리 농담이라도 저기로는 못 빠져나가. 서커스단에서 곡예하는 고양이라도 그건 불가능해."

막스는 과학적으로 확신에 찬 목소리로 말했다.

"만약 조그만 틈새로도 빠져나갈 수 있는 양자 고양이라면 어쩔 건데?"

막스가 납득한 것처럼 보이지 않자, 아다는 한마디 설명을 덧붙였다.

"실험에서처럼 말이야."

"지금 어떤 실험을 이야기하는 거야?"

이번엔 아다가 한숨을 내쉬었다.

"파동과 입자의 이중성, 기억하지? 난 그게 믿어지지가 않아. 그래서 시그마 아저씨 집에서 가져온 과학책에서 그것에 관한 내용을 확인하고 싶었어. 책에서 이중성을 이해하기 위해 실시한 실험을 찾아냈지."

이중 슬릿 실험!

빛의 파동-입자의 이중성에 대한 사람들의 환호가 있은 뒤, 프랑스의 물리학자 루이 드 브로이는 이와 같은 현상이 전자와 마찬가지로 다른 입자에게도 똑같이 적용될 수 있다는 것을 알게 되었어. 즉, **모든 물질의 입자가 파동으로서의 성질도 가지고 있다**는 것을 말이야. 루이의 생각은 정말 독창적인 것이었고, 이를 증명해 1929년에 노벨상을 수상했지.

심화 자료 돋보기

노벨과 비슷한 이름을 가진 또 다른 상이 있긴 한데, 그리 권위가 있는 상은 아니다. **이그 노벨**이라는 상인데, 매년 가장 우스꽝스러운 연구를 한 사람에게 수여한다. 예를 들어, 인간과 코끼리가 오줌을 누는 데 똑같은 시간이 걸릴까, 병아리 꼬리에 막대기를 묶으면 마치 벨로시랩터 공룡처럼 걸을까 등 말도 안 되는 연구를 한 사람에게 말이다. 인터넷에서 좀 더 찾아봐. 어떤 연구를 기대하고 있니? 무엇을 상상하든 그 이상일걸.

루이 드 브로이처럼 상식에서 벗어났거나 믿기 어려운 생각을
증명해 내려면 정말 엄청나게 많은 희한한 실험을 해야만 할 거야.
너도 한번 해 보지 않을래?

고비용 실험

집에 너만의 이중 슬릿 실험 장치를
설치하기 위한 지침서

눈을 크게 똑바로 떠! 우리는 이 실험을 통해 입자가 입자
처럼 행동할 뿐만 아니라 파동처럼 움직이기도 한다는 것을
증명할 것이다. 자, 입자를 잘 살펴보자!

네가 대포를 가지고 있다고 상상해 보자. **전자를 하나씩 하
나씩 발사할 수 있는 대포** 말이다. 네 강아지의 털에 전기를
통하게 해서 털을 온통 곤두서게 할 수도 있지만, 양자물리학
에서 열쇠가 되는 실험을 하는 데 필요한 것이기도 하다. 우
리는 이 실험을 통해 전자들이, 즉 음전하를 띤 작은 입자들
이 파동처럼 행동하기도 한다는 것을 알 수 있다.

준비됐니? 이제 어떻게 변하는지 잘 살펴보자.

준비물 : 전자 대포, 두 개의 평행한 슬릿(갈라진 틈이 있는 얇은
판), 전자를 탐지할 수 있는 스크린

조립과 작동 : 먼저 전자 대포를 설치한다. 이어서 두 개의 슬릿이 있는 얇은 판을 설치하고, 마지막으로 판 뒤 쪽에 전자를 탐지할 수 있는 스크린을 설치한다. 전자를 얇은 판을 향해 발사하고 두 개의 평행한 슬릿을 통과한 전자가 어떤 식으로 탐지기에 도달하는가를 살펴보자.

만일 전자가 입자처럼 움직인다면 탐지기에는 두 개의 평행한 선이 만들어질 것이다. 다음의 왼쪽 그림이 보여 주는 것과 같은 **입자 패턴**을 얻을 수 있다.

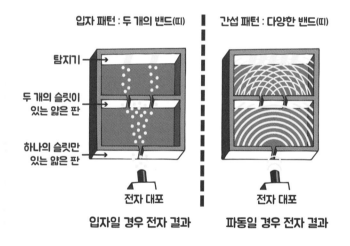

전자가 파동과 같이 움직인다면 탐지 스크린에는 **파동 사이에서 일어나는 간섭**으로 인해 많은 선들이 기록될 거야. 위의 오른쪽 그

림처럼 말이야. 헐, 그런 표정 짓지 마! 내겐 별로 신기한 것은 아니지만 파동에서 일어나는 간섭은 그리 쉽게 볼 것도 아니야. 다음의 주의 사항을 잘 읽어 보자.

양자론이 주는 주의 사항

똥똥한 두 사람이 수영장에 동시에 뛰어들었다고 상상해 보자. 각각 주변에 **파동 패턴**을 만들어 낼 것이다. 그리고 하나의 파동이 다른 파동과 만나게 되면 바로 여기에서 간섭이 일어나게 된다. 파동은 마루와 골을 만들며 퍼져 나간다는 사실을 상기하자. 똥똥한 사람 A가 일으킨 파동의 마루가 똥똥한 사람 B가 일으킨 파동의 마루와 만나게 된다면 더 높은 마루를 만들어 낸다. 이와 마찬가지 현상이 골에서도 일어나게 되어 이번엔 더 깊은 골을 만들 것이다

그런데 이번엔 A가 만든 파동의 마루가 B가 만든 파동의 골과 만난다면 어떤 일이 벌어질까? 똥똥했던 두 사람이 양자적으로 날씬해질까? 아니다. 파동이 사라지는 볼만한 일이 벌어진다. 마루에 골을 더하면 0이 되는 것이다. 바로 이 지점에선 파동이 보이지 않는다. 이와 똑같은 현상이 이중 슬릿 실험에서도 일어난다. 상호 강화되는 지점에서 탐지기에 기록이 될 테고, 서로 상쇄되는 지점에서는 기록되지 않는다. 우리는 여기에 **간섭 패턴**이라는 이름을 붙였다.

그렇지만 현실에선 어떤 일이 벌어질까. 이중 슬릿 실험의 결과는 둘 중 어떤 것일까? 막스-입자 팀은 전자는 하나하나의 개별적인 요소를 가지고 있다고 확신하고 있어. 너는 막스-입자 편을 들거니? 아니면 아다-파동 팀 편이 옳다고 주장할 거니? 그러니까 전자는 파동처럼 잘 파악하기 힘들 뿐만 아니라 요리조리 잘 빠져나가는 특성을 지닌다고 할 거니?

파동이니 입자니?

전자가 입자처럼 움직일 거라고 생각해서, 네가 막스-입자 편을 들었다면, 전자가 얇은 판 사방으로 튈 거고 슬릿을 빠져나온 것만

이 탐지기에 도달한다고 생각할 거야. 결과적으로 탐지기에는 두 개의 평행선이 만들어질 테고.

그렇지만 전자가 파동처럼 움직인다면, 실험했을 때 탐지 스크린에는 간섭 패턴이 나타나지 않을까.

결과는…….

간섭 패턴

전자는 파동처럼 행동한다!

만일 네가 입자 패턴을 선택했더라도 아직 패배를 인정할 필요는 없어. 비록 실험 결과에선 전자가 마치 파동처럼 행동한다는 것을 보여 주지만, 아직 모든 게 끝난 건 아니야. 파동 팀에 맞선 사람들은 이 결과를 두 가지 방식으로 해석할 수 있다고 주장해.

A. 맞아, 동의해. 우리도 전자가 파동처럼 행동하고 있다는 사실을 인정해. 비록……

B. 발사된 후에, 실험 도중에 전자들은 서로 부딪힐 수도 있고 튕겨져 나올 수 있어. 우연히 파동의 간섭 패턴과 비슷하게 보이는 패턴을 만들었을 뿐이야.

뿌뿌뿌 뿌잉!

문제가 더 재미있어졌어. 누가 이 힘든 고통을 이겨 낼까? 파동이 완벽한 승리를 거두지 못하자, 새로운 설명으로 반격을 시도했어.

이중 슬릿 실험 2.0!

B의 의견을 받아들이고 싶지 않아서, 전자를 서로 부딪치지 않

게 하나씩 하나씩 발사해 보았어. 그런데 또다시 간섭 패턴을 얻었어. 여전히 **파동을 지지한 친구들의 승리야!** 빛과 같은 전자는 파동-입자의 성질을 가지고 있고, 따라서 파동에서 일어나듯이 서로서로 간섭하는 거야.

만일 전자를 단 한 개만 발사하고, 두 개의 슬릿 중 하나만 지나는 것을 기다려 보자. 그러나 이런 식으로 해선 하나의 슬릿만 지나는 일은 일어나지 않을 거야. **전자는 두 개의 슬릿을 동시에 지나거든.** 왜냐하면 **전자는 양자적인 속성으로 인해 파동처럼 움직이기 때문**이야. 파동처럼 전자는 동시에 두 개의 슬릿을 지나, 서로서로에게 간섭 현상을 불러일으키지.

우리가 만약 각각의 전자가 어떤 슬릿을 통과하는가를 보려고 했을 때, 과연 어떤 일이 일어나는지 알고 싶다면 '양자 붕괴'에 대해 다루는 3장을 펼쳐 봐!

그러나 문제는 여기에서 끝나지 않아. 전자들이 파동처럼 행동한다는 것을 증명하긴 했지만, 전자

웜홀
89쪽으로

는 파동에 만족하지 않고, 안드로이드 이상의 혁신을 마음먹고선 새로운 설명을……

이중 슬릿 실험 3.0 : 좀 더 큰 사물을 발사해 보자!

그렇다고 감동할 필요까진 없어. 이제 곧 파동인지 입자인지를 살펴보려고 너의 포켓몬을 발사해 볼 테니까. 그렇게 서두르진 마! 이 실험은 우리가 좀 더 '큰 입자'를 발사할 때만 의미가 있으니까. 그렇지만 반드시 양자 수준에서 고려할 수 있는 큰 것이어야 해! 1999년, 독일의 양자물리학자인 안톤 차일링거 교수가 이끈 일군의 연구자들은 두 개의 슬릿으로 풀러렌을 발사했어. 근데 뭐야, 그 표정은? 풀러렌은 60개의 탄소 원자로 이루어진 분자로 꼭 축구공처럼 생기긴 했는데, 크기는 아주 작아.

풀러렌으로 간섭 패턴을 얻었고, 이를 통해 **수많은 원자들로 이루어진 분자들 역시 파동의 성질을 가진다는 것을 증명했어.** 그래서 네가 만일 파동의 성격을 띤 밴드를 선택했다고 하더라도 충분히 맞힌 거라고 주장할 수 있지.

그렇지만 아무리 파동적인 성격을 가지고 있다고 하더라도, 이 사실이 네가 만일 동일한 벽에 있는 두 개의 문을 향해 달려 나간다고 해서 두 문으로 동시에 나간다는 것을 의미하지는 않아. 그러다간 너는 두 문 사이에 있는 벽에 부딪히고 말걸.

"그러니까 **이중 슬릿** 실험에 따르면 입자는 또한 파동인 셈이네. 그런데 어떤 파동인데?"

아다가 입을 열었다.

"내가 이중 슬릿이란 말을 들은 것 같은데?"

시그마 아저씨는 영화 〈007〉에서나 나올 법한 방법으로 천장에서 미끄러져 내려오면서 이야기했다. 그러다가 결국 산더미처럼 쌓인 낡은 가구들에 부딪혀 사하라 사막의 모래 폭풍……이 아닌, 거대한 먼지 구름을 일으켰다. 그런데도 앞머리는 전혀 흐트러지지 않았다.

"아저씨, 정말 순식간에 물리학을 하늘로 날려 보냈네요! 우린 지금 양자물리학에서 대해 이야기하는…… 사실은 모르티메르를 찾고 있어요."

"이중 슬릿은 과학에서 가장 멋지고 신기한 것 중 하나야!"

"아저씨가 다시 이중 슬릿 이야기로 돌아갔어. 막스, 그렇지?"

아다는 뭔가를 기대하는 듯한 표정이었다.

"빨리 시작하게 아저씨를 가만 좀 놔둬!"

시그마 아저씨는 30톤이 넘는 먼지를 일으키며 의기양양하게 바닥으로 뛰어내렸다.

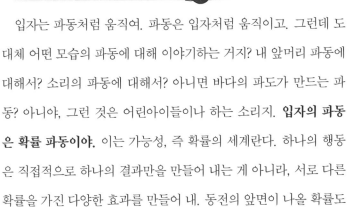

시그마 타임 : 확률 파동

입자는 파동처럼 움직여. 파동은 입자처럼 움직이고. 그런데 도대체 어떤 모습의 파동에 대해 이야기하는 거지? 내 앞머리 파동에 대해서? 소리의 파동에 대해서? 아니면 바다의 파도가 만드는 파동? 아니야, 그런 것은 어린아이들이나 하는 소리지. **입자의 파동은 확률 파동이야.** 이는 가능성, 즉 확률의 세계란다. 하나의 행동은 직접적으로 하나의 결과만을 만들어 내는 게 아니라, 서로 다른 확률을 가진 다양한 효과를 만들어 내. 동전의 앞면이 나올 확률도 있고 뒷면이 나올 확률도 있는 것처럼 말이야. 트럼프 게임에서 카드를 한 장 뽑았을 때, 왕이 나올 수도 있고 말이 나올 수도 있어. 이건 여전히 충격적인 일이긴 해. 왜냐하면 **우리의 논리를 벗어난**

일이 발생할 확률이 존재하니까
말이야. 벽에 공을 차면 튕겨져 나
올 확률도 있지만, 벽을 뚫고 나갈
확률도 있지 않을까.

웜홀
186쪽으로

심화 자료 돋보기

아인슈타인은 이 세계가 확률로 이루어져 있다는 사실을
수용할 수 없었다. 그래서 **"하느님은 주사위 놀이를 하지 않
는다."**라는 아주 유명한 이야기를 남겼다. 그러자 이에 대해
덴마크의 물리학자 닐스 보어는 **"당신이 해야 할 일을 하느
님에게 이야기하지 마시오!"**라고 했다.

하나의 값으로 둘 : 양자 중첩 이야기

막스 그래서 양자의 세계에선 입자가 이쪽 슬릿으로 지나갈지 아니
면 다른 쪽 슬릿으로 지나갈지 고민할 필요가 없어. 다시 말해
〈스타워즈〉에서 포스의 어두운 쪽을 선택해야 할지 아니면 밝
은 쪽을 선택해야 할지 고민할 이유가 없는 거야. 즉, 루크이면

서 다스 베이더일 수도 있다고. 이는 **양자 중첩** 덕분이야. 그렇지만 이를 모르티메르가 다락방에 있는 틈새로 빠져나갈 수도 있다는 것과 연결시키기엔 역부족이야.

양자론이 주는 주의 사항

양자 중첩은 **입자가 동시에 (중첩된) 다양한 속성을, 즉 첫 걸음부터 모순적으로 보일 수도 있는 속성을 가질 수 있는 현상**을 말한다. 예를 들자면, 왼쪽 슬릿을 통해 지나가는 동시에 오른쪽 슬릿을 통해 지나가는 현상이다.

아다 루크이면서 다스 베이더일 수 있다고? 자기 아버지인데도? 이럴 수가! 이건 굉장한 장점이야. 막스, 네가 스스로에게 늦게까지 텔레비전 보는 것을 허락할 수 있잖아. 놀이공원에 놀러 가라고 용돈을 줄 수도 있고, 방 청소를 강요하지 않아도 되고.

막스 너무 나간 것 같다. 동시에 루크이면서 다스 베이더일 수 있다는 것은 하나의 예일 뿐이야. 중첩은 우리 눈으로 볼 수 있는 세상엔 적용할 수 없어.

아다 야, 그만 입 다물어! 산통 깨지 말라고. 중첩이라는 것은 엄청나게 많은 것을 다 갈아 하나로 만들어 버릴 수 있거든. 이 세상이 어떻게 생겼는지 상상이나 해 봤어? 이 세상은 나이를 먹었으면서도 동시에 젊다고 할 수 있어. 못생겼으면서 예쁘고, 선하면서 악하고, 원인이면서 결과일 수 있단 말이야. 배트맨이면서 슈퍼맨이고, 살아 있으면서 죽어 있고. 상상해 봐! 만일 모르티메르가 생긴 것처럼 양자적인 존재라면, 이 모든 것이 될 수 있단 말이야. 그것도 동시에. 살아 있는 고양이이면서 죽어 있는 고양이도 될 수 있어. 좀비 고양이 말이야!

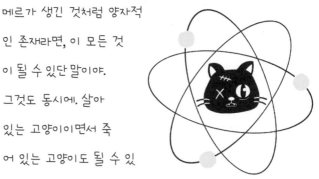

"좀비 고양이라니, 웬 바보 뚱딴지같은 소리를 하는 거야. 빨리 고양이나 찾아보자. 여기 어딘가 숨어 있을 거야."

막스는 낡은 소파 뒤를 뒤지면서 이야기했다.

"아저씨는 부엌을 찾아보는 게 어때요? 혹시⋯⋯."

아저씨가 부엌으로 향한 그 순간 아주 날카로운 고양이 울음소리가 아래쪽에서 들려왔다. 둘은 서로를 한번 쳐다보고는 허겁지겁 통풍구를 통해 내려가 부엌으로 달려갔다.

"얘들아, 여길 봐. 모르티메르 여기 있는데?"

아저씨는 모르티메르가 핥아 먹고 있는 그릇에 우유를 조금 더 부어 주면서 태연하게 말했다. 고양이는 꼬리를 흔들며 만족스러운 듯이 행복한 울음소리를 냈다. 막스와 아다는 놀란 토끼 눈이 되어 고양이를 바라보았다. 고양이는 시그마 아저씨가 등을 쓰다듬어 주는 동안에도 계속 우유를 먹었다.

"여기 있었다고요?"

그 모습을 보고 아다가 소리쳤다.

"우리는 분명 다락방에서 고양이 울음소리를 들었는데. 아, 이제 알겠다! 이 고양이는 전자와 같이 여러 장소에 동시에 존재할 수 있는 거야."

어린아이 같은 짓도 끝이 있기 마련이다. 중첩도 마찬가지인데, 이 중첩의 끝을 물리학자들은 **결깨짐**이라고 불렀다.

주목

결깨짐 혹은 중첩의 상실은 주변과의 상호 작용 탓이다

만일 결깨짐이 없다면, 사물들은 언제나 중첩 상태에 있다. 앞면으로 떨어짐과 동시에 뒷면으로도 떨어지는 동전이 있을 수 있다. 왕이면서 말인 카드도 있을 수 있고, 다락방에 있는 모르티메르가 동시에 부엌에 있을 수도 있다. 다만 **양자 중첩은 아주 미묘해서 반드시 격리되어 있다는 조건이 필요하다.** 확실하게 격리되어야 한다! 화장지로 전체 시스템을 보강하거나, 아니면 테이프와 은박지를 함께 사용하거나 각각 사용해서 보강하더라도, 결깨짐은 피할 수 없다. 실험실에서 작업하는 양자 시스템 대부분은 이러한 결깨짐을 피하기 위해 거의 **입자가 없고, 온도가 낮은 진공 상태의 방에 격리되어 있다.**

"으흠, 내 생각엔 이건 해결된 것 같아. 모르티메르는 고양이지 전자가 아니니까 중첩은 일어날 수 없어."

"그건 분명한 사실이야, 미래 과학자 친구!"

시그마 아저씨도 막스의 말에 동의했다.

막스와 아다는 식탁에 남겨 두었던 비스킷을 먹으며 말을 이어갔다.

"모르티메르는 다른 것과 중첩 상태에 있을 수 없어. 왜냐하면 격리되어 있지 않으니까."

"막스, 그렇지만!"

아다가 격앙된 목소리로 외쳤다.

"네가 보기엔 진짜로 모르티메르가 정상처럼 보여? 정말 희한한 짓만 하고 있는데. 이중적이고, 중첩되어……."

"아다! 막스 말이 맞아. 그것은 불가능해. 그렇지만……."

시그마 아저씨가 창문을 바라보며 입을 열었다. 그 순간 뒷마당에서 고양이 울음소리가 들려왔다. 막스와 아다는 모르티메르의 우유 그릇이 놓여 있던 곳을 바라보았다. 고양이는 이미 그곳에 없었다. 창가로 다가가니 마당을 둘러싸고 있는 담 앞에서 이들을 바라보는 고양이가 보였는데, 당장이라도 거리로 뛰쳐나가기 직전이었다.

"모르티메르가 저기에 있어! 어떻게 빠져나갔지?"

아다는 시그마 아저씨를 바라보며 다급한 목소리로 질문을 던졌다. 아저씨는 아다의 말은 아랑곳하지 않고, 노래를 흥얼거리며 조용히 집 밖으로 나갔다. 지금 눈앞에서 벌어지는 일에 조금도 개의치 않는 얼굴이었다.

혼란스러운 몇 초가 지나가자, 아다가 막스를 바라보았다.

"그러면 이건? 이것도 정상이야?"

세 번째 세기. 첫 번째 일화 :
우리 엄마는 중첩 상태에 있을까?

오늘은 아직 발표되지 않은 것에
대해 생각해 보자.
다시 말해……

안녕하세요, 과학을 사랑하는 우리 친구 여러분. 최근 과학적인 진실성이 조금은 의심스러운 많은 제품에서 '양자'라는 단어가 대중적으로 사용되고 있습니다. '양자 물', '양자 의약품', '양자 기억 장치', '양자 마사지' 등등 수없이 많은 예를 들 수 있지요. 이 모든 것은 아무런 과학적 근거가 없습니다. 우리가 이 지식의 저장소에서 살펴보았듯이 양자 현상은 인간처럼 눈으로 확인할 수 있는 존재에게는 적용할 수 없습니다.

그러나 부엌에서 연속적으로 발생한 이상한 사건을 목격했으니,

의심이 가는 것은 너무도 당연한 일 같습니다. 사랑스러운 우리 생명체는 양자적인 행동, 혹은 움직임을 보여 줄 수 있을까요? 오늘날 세 번째 세기를 맞아 '양자 중첩 상태의 엄마'라는 좀 으스스한 경우에 대해 이야기해 보겠습니다.

어렸을 적 한 번도 길을 잃어 본 적 없는 사람이 있을까요? 해변에서, 공원에서, 중심 상가에서 정신없이 놀다가 말입니다. 아이는 순간적으로 방심하여 부모와 떨어지는 일이 다반사입니다. 이럴 때 부모가 재빨리 눈치채지 못하면, 아이는 길을 잃게 되고 결국 부모도 아이들을 찾아 헤매야만 하는 공포의 순간을 맞게 되지요. 어린 새싹을 발견하고는 안도의 한숨을 내쉬며 "다시 뽀뽀할 수 있을지, 볼을 토닥일 수 있을지 알 수 없었다."는 엄마의 이야기를 들어 보지 못한 사람 있을까요?

감동적이지 않습니까? 친구 여러분. 뽀뽀와 볼 토닥임. 이 순간 다른 사물과 마찬가지로 한 아이의 엄마는 뽀뽀와 볼 토닥임이라는 중첩된 상황과 마주하는 것처럼 보입니다. 아주 짧은 찰나의 순간, 다시 말해 어떤 외적인 영향으로 결깨짐이 나오게 만들고 결국 중첩이 사라지는 순간이 오는 것이지요.

"뽀뽀해 주세요!"

아이가 이렇게 말할 것입니다. 그리고 엄마는 피붙이 얼굴에 자기 얼굴을 포개며 볼을 토닥일 것입니다. 여러분에게 이 토닥거림은 양자적인 성격이 없다는 것을 말씀드리고 싶습니다.

'뽀뽀와 볼 토닥임이라는 중첩 상태의 엄마'의 경우, 혹은 '일어나고 싶어, 하지만 소파에 앉아 있는 것이 너무 편해.' 등의 경우는 양자적인 세계가 우리를 숨어서 기다리고 있다는 것을 생각할 수 있게 해 줍니다. 여러분은 이제 그만 환각에서 깨어나야 합니다! 양자 마사지가 과학적인 근거가 하나도 없는 것과 마찬가지이지요. '뽀뽀와 볼 토닥임이라는 중첩 상태의 엄마' 역시 마찬가지입니다. 언제나 눈을 크게 뜨고 잘 살펴봐야 합니다. 계속해서 여러분에게 유익한 정보를 드릴까 합니다.

양자론 테스트

양자 중첩으로 힘들었지요?

1. 잠에서 깨 학교에 갈 때 :

   a. 별 문제없이 교실에 도착해서 하루 일과를 시작한다.

   b. 잠에서 깼지만 11시 15분까지 계속 존다.

2. 시험을 마치고 나오자마자 시험을 잘 봤다고 말했다면 :

   a. 10점을 받았다.

   b. 3.5점을 받았다.

3. 친구들이 잠깐 밖에 나오라고 전화했을 때 "지금 갈게."라고 대답했다면 :

> **a.** 곧 간다.
>
> **b.** 차분하게 컴퓨터 앞에 앉아 〈리그 오브 레전드〉 게임을 계속한다.

4. 방 청소하라는 엄마의 얘길 듣고 "금방 할게요."라고 대답했다면 :

> **a.** 20분 안에 방을 번쩍번쩍하게 만든다.
>
> **b.** 20분이 지나도 방은 여전히 사자 우리처럼 지저분하다.

대부분 a라고 대답한 경우 : 결깨짐이 너의 삶을 지배할 것이다.

대부분 b라고 대답한 경우 : 너에게는 분명 격리된 시스템이 존재한다는 좋은 사례이다. 아마 너에게 상당한 문제가…… 아닐 수도 있고…….

CHAPTER 3

양자 붕괴

"도저히 믿을 수 없어!"

아다는 낭패감에 소리쳤다.

"망할 놈의 고양이! 거실 커튼을 다 찢어 놨어. 이걸 어떡하지? 이모가 우릴 가만두지 않을 거야. 맙소사! 이놈의 고양이는 터미네이터 같아. 이 터미고양이야! 가만 안 둘 거어어어어야야야!"

바로 그 순간, 막스가 모르티메르를 팔에 안고 방으로 들어왔다. 바닥에 내려놓은 고양이는 누운 채로 발을 핥기도 하고, 발로 주둥이를 문지르기도 했다.

"모르티메르가 그런 게 아니야. 얘는 내 방에서 조용히 몸단장하고 있었거든."

"그렇다면 도대체 누가 이런 짓을 했다는 거야? 늑대가 했다는 거야? 이 고양이는 너무 영악해. 우리가 지켜보고 있을 땐 세상 부드럽고 전혀 공격적이지 않은 것처럼 행동해. 하지만 어느 순간 교활하게 몰래 빠져나가서, 아무도 보지 않으면 지나는 곳마다 엉망으로 만들어 버리잖아."

"너는 모르티메르가 지킬 박사와 하이드 같은 존재라고 생각하는 거야?"

"아니, 그보다 더하지. 얘는 양자 고양이니까. 난 쭉 그걸 생각하고 있었어. **모르티메르는 터미고양이면서 헬로키티인 거야. 동시에 말이야!**"

"그래. 주변과, 그러니까 우리와 상호 작용까지 하면서."

막스도 한마디 거들었다. 아다가 어디로 나가려고 하는지 막스도 이해하는 것 같았다.

"이것은 순수한 양자역학 문제야. 양자 간섭 효과라고."

"내가 유일하게 확신할 수 있는 것은 모르티메르가 제 마음대로 돌아다닐 때엔 발톱을 세우고 커튼을 다 찢어 버린다는 거야. 이 모든 일을 순식간에. 하지만 우리한테 잡히기만 하면 기운을 잃고 얌

전한 고양이로 변하는 거지. 시치미 뚝 떼고."

심화 자료 돋보기

양자역학에서는 입자가 동시에 여러 가지 상태를 가진 중첩 상태에 있을 수 있다.

중첩은 결깨짐이나 주변과의 상호 작용으로 끝이 난다. 결깨-뭐라고? 결깨짐은 할아버지가 유산으로 남겨준 중국사람 모양의 인형은 분명 아니다. 그러니 이 결깨짐에 대해 잠깐 복습하기로 하자.

중첩 상태는 우리가 실험을 할 때, 측정 도구와의 상호 작용에 의해 끝이 날 수 있다.

다시 말해서 **입자의 상태를 측정하고자 하면, 입자의 양자적 상태가 힘을 잃고 활동이 줄어든다. 즉 입자는 동시에 모든 중첩 상태에서 벗어나 하나의 상태로 환원되는 것이다. 이것은 결코 두 가지 상태에 있는 모르티메르를 동시에 볼 수 없다는 것을 의미한다.** 단 하나의 상태에 있는 모르티메르만 볼 수 있을 뿐이다.

고비용 실험

관찰자가 있는 이중 슬릿 실험

이중 슬릿 실험 기억하지? 어떻게 잊어버릴 수가 있겠어? 이 웜홀을 따라가 보자!

결국 전자를 하나씩 발사하면, 이 전자들은 하나의 슬릿을 통과하고, 또 다른 슬릿도 통과하는 중첩 상태로 이중 슬릿을 통과하게 된다. 그래서 우리는 스크린에 맺힌 파동 패턴(오른쪽 그림 : 패널 A)을 볼 수 있게 된다.

웜홀
66쪽으로

물리학자들은 스스로에게 질문을 던지기에 이르렀다. 만일 전자가 궁극적으로 두 개의 슬릿을 통과한다면 너무 이상한 것 아닌가 하는 질문이었다. 그래서 즉각 작업에 착수하여 실험 장치를 고안하였다. 물리학자들은 **이 실험을 통해 전자들이 두 개의 슬릿 중 어떤 슬릿을 통해 지나가는지를 관찰할 수 있었다.** 다만 이것은 아주 작은 사물에 대해서 논할 때에만 의미가 있다. 전자는 정말 작아 현미경으로도 잘 보이지 않는다. 그래서 전자를 추적하기 위해서는 아주 정밀한 장비를 갖춰야 하는 어려움이 있다. 전자가 어떤 슬릿을 통과하는지 관찰을 통해 알게 된 것은 **전자는 언제나 A라는 한쪽 슬**

릿을 지나거나 아니면 B라는 다른 쪽 슬릿을 지나간다는 것이다. 중첩을 관찰할 수는 없었다.

좀 더 어둡게 꾸미면 간섭 패턴은 사라지고, 그 자리에 이중 슬릿 패턴이 관찰된다. 전자가 어떤 행동을 하는지를 관찰하면 중첩이 깨지고, 파동 기능의 봉괴가 일어나 전자는 마치 입자처럼 행동하게 된다.

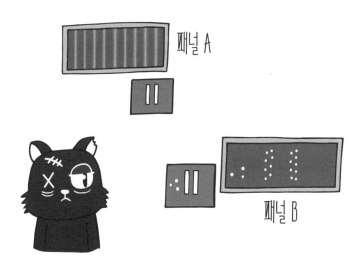

관찰자가 지켜보는 것만으로도 파동 기능이 파괴되는 것처럼 보여. 이것이 아다의 모르티메르와 관계에선 어떻게 작용할까?

전자의 일상생활에서 중첩 문제 : '참-해' 양자 피자

마녀가 준 신비한 약을 먹고 갑자기 네가 전자만큼이나 작아졌다고 상상해 보자. 아마도 마라톤을 완주한 것처럼 피곤할 것이다. 이때 원기를 회복하기 위해서는 피자 가게에 가는 것이 최고다. 양자 피자 가게! 왜냐하면 우리는 이미 현미경으로만 보이는 초미니 세계에 들어와 있으니까.

"햄을 곁들인 참치 피자 한 판 포장해 주세요!"

"알았어. 차암치와 해앰. 참-해 피자 나간다. 하지만 경고하는데 이건 참치와 햄이 중첩된 피자라는 사실 잊지 마!"

"아하!"

피자가 나왔다. 우리는 피자 상자를 받아 들고 돈을 지불한 다음 양자 광장으로 피자를 먹으러 갔다. 상자를 열었다. 헐, 그런데 햄은 어딜 갔지? 참치밖에 없잖아! 우리는 다시 피자 가게로 가서 항의했다.

"피자에 참치밖에 없어요. 여기 피자 다시 가져왔으니까 환불해 주세요!"

"꼬마 손님, 내가 경고했잖아. 이건 참치-햄이 공존하는 중첩 피자라고 말이야. 상자를 열고 피자를 보면 피자에 영향을 줘서 중첩 상태가 끝나 버리고, 피자는 참치만 남는 붕괴가 일어나게 되지. 만일 네가 100개의 참-해 피자를 가져간다면, 상자를 여는 순간 50개

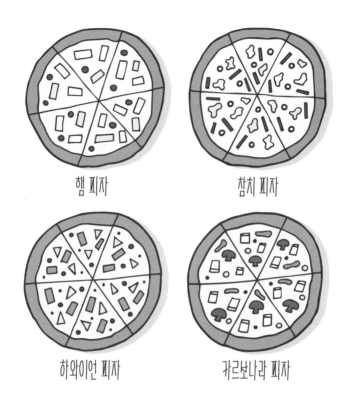

햄 피자

참치 피자

하와이언 피자

카르보나라 피자

는 참치 피자로, 나머지 50개는 햄 피자로 변해 버릴 거야.”

"그렇게 많은 피자를 뭐 해요. 기울어진 피자 탑을 쌓으려면 모

를까.”

"이건 예를 든 것뿐이야.”

"아저씨가 든 예에서는 반절은 참치고 반절은 햄이잖아요.”

"네가 머무르는 세계에서는 그게 논리적이긴 하지. 그렇지만 우

리는 지금 양자 세계에 있잖아! 여기에서는 중첩이 현실이라는 것을 받아들여야만 해. 카드 한 장이 뒤집어질 수도 있고 동시에 엎어질 수도 있는 중첩 상태에 있다는 거야. 동전 역시 앞면과 뒷면이 동시에 나올 수 있고, 너도 여기서는 이곳에 있는 두 문으로 동시에 나갈 수 있어. 양자의 차원에서는 물질은 파동적인 속성을 띠기 때문이야. 파동은 광범위하게 퍼져 나갈 뿐만 아니라 동시에 사방으로 퍼질 수도 있어. 그리고 파동은 우리가 중첩이라고 부르는 것을 만들어 내면서 합해질 수도 있고 간섭을 받을 수도 있지."

"우리가 사는 세계에도 파동은 있어요. 해변에는 파도도 있고요. 이 파도는 부두에 부딪히면 뒤따라오는 파도와 합해지기도 해요. 그 결과로 어떤 파도는 가끔 사라지기도 하죠. 그렇지만 햄은 햄일 뿐이에요."

"여기에서는 햄도 파동과 같은 속성을 띠고 있단다. 그래서 피자에 햄이 들어 있다고 하더라도 방해를 받으면, 예를 들어 누군가 상자를 열면 햄이 사라지기도 하지(양자적인 개념에서는 누군가 측정을 한다면 말이야). 이것이 바로 양자 세계의 마술이야. 이젠 이 세계가 어떤 식으로 움직이는지 알겠지? 후, 그런데 피자가 식어 버렸는데, 다른 참-해 피자 어떠니?"

"좋아요. 다른 피자 주세요. 햄만 있는 피자가 나오면, 차가운 참치가 든 피자와 따뜻한 햄이 든 피자 두 장으로 샌드위치를 만들어 먹을래요."

똑같은 일이 모르티메르에게도 일어났다. 관찰당하고 있다는 사실을 알게 되자 단 하나의 상태로 환원되는 붕괴가 일어난 것이다. 모르티메르는 얼마나 많은 상태가 될 수 있는 걸까?

모르티메르의 양자 상태를 찾아 나서다

"모르티메르는 수없이 많은 상태로 중첩될 수 있을 거야."

아다가 한마디 했다.

"과학적으로 그것을 증명할 수 있는 방법이 하나 있긴 한데……. 그러니까 꽤 오랜 시간 모르티메르를 측정해 보는 거야. 모르티메르가 눈치채지 못하게 말이야.

"아하! 이미 나는 최소한 세 가지 서로 다른 상태의 모르티메르를 포착한 적이 있어."

"뭐라고?"

막스는 깜짝 놀라 반문했다. 황당하기도 하고, 흥분되기도 하고, 어질어질하기도 하고, 환상에 사로잡히기도 해서 도저히 믿을 수 없었다.

"내가 모르티메르 사진을 찍어 뒀거든. 여길 봐!"

헬로키티 상태 : 우리가 일상적으로 볼 수 있는 모르티메르의 상태야. 털로 헤어볼을 만들기도 하고, 발을 핥으면서 지내. 가끔은 자기 궁둥이를 핥기도 해. 어휴, 지저분해! 털실 뭉치를 가지고 놀기도 하고, 예의 바르게 우유를 먹기도 하지. 대부분 고양이들이 하는 짓이야. 하지만 이런 모습을 포착하는 것은 별 가치가 없어.

슬픔에 빠졌다고 볼 수는 없는 상태 : 다음 사진을 보자! 이 모습을 포착하기란 좀처럼 쉽지 않았어. 나는 이모가 용접할 때 사용하는 마스크와 이웃집 엉터리 정원사 아저씨의 장갑, 시그마 아저씨의 납으로 만든 가슴막이, 막스의 슈퍼맨 타이즈 그리고 펑크 콘서트에서 사용했던 군화 등으로 위장을 해야만 했어. 그러고는 커튼 뒤에 숨어 있다가 모르티메르가 다가오자 후다닥 모습을 드러내고는, 얼굴에 난 여드름까지도 빨아들일 정도로 강력한 진공청소기를 켰어. 덕분에 이런 사진을 찍을 수 있었어.

몽롱한 상태 : 이런 상태의 모습을 포착하는 것은 정말 쉬웠어. 평소에 모르티메르는 한곳만을 뚫어지게 바라보면서 몇 시간씩 가만히 앉아 있곤 했거든. 마치 만물을 돌로 만들어 버리는 메두사의 마력의 시선을 던지기라도 하는 것처럼 말이야. 그리고 때때로 **터널 효과**의 모습을 보인다는 인상을 받기도 했어.

모르티메르에게
무슨 일 있니?

터널 효과가 무엇인지 빨리 알고 싶다면 웜홀을 따라 6장으로 가 봐.

터미고양이 상태 : 내가 직접 관찰하지 못한 유일한 상태야. 이건 아직 가설인데, 모르티메르가 이 상태에 있을 때면 눈에 띄는 모든 것을 찢어 버려. 커튼을 찢고, 소파를 물어뜯고, 식탁에 오줌을 누고⋯⋯. 그것도 식탁보까지 깔아 놓은 식탁에 말이야!

"도와와와줘어어! 살려어어어어줘!"

금방이라도 숨이 넘어갈 듯한 시그마 아저씨의 목소리가 들려왔다. 그건 아마도⋯⋯ 소파 밑에서 들려오는 것 같았다.

"아저씨, 잠수 토끼가 된 거예요? 어떻게 소파 밑으로 들어갔어요?"

막스는 질문만 던지고 가만히 서 있고 아다 혼자서 쿠션을 치워, 멋쟁이이긴 하지만 좀 정신이 왔다 갔다 하는 과학자 아저씨가 소파 밑에서 빠져나오도록 도와주었다.

"텔레비전 리모컨을 찾고 있었어. 참, 너희가 양자 상태에 대해 이야기하는 것을 들었어. 나도 토론에 참여하고 싶어."

헤어스타일 정말 멋지지!

"아저씨는 지금 좀 정상이 아닌 것 같은데요. 정말 괜찮아요?"

"이런 앞머리를 가진 사람 중에 정상이 있겠니? 자, 가정을 해 보자. 모르티메르가 양자 고양이라고 한다면 우리가 고양이를 보지 못할 땐, 동시에 여러 가지 가능한 상태에 놓여 있을 거야. 그러나 우리가 **고양이를 보자마자 단 하나의 상태로 환원되기 때문에 우리는 하나만 지각할 수 있어.**"

"그렇지만 아저씨, 저는 이해하지 못하겠어요. 그렇다면 나머지 다른 상태는 다 어떻게 되는 거예요? 사라지는 건가요?"

"막스, 정말 좋은 질문이다. 그건 몇 십 년 전부터 과학자들이 골머리 썩던 문제야. 그러나 아무도 과학적으로 설명하질 못했지."

"좋아요. 근데 확실하게 증명하진 못했더라도, **여기서 일어나는 현상을 설명하기 위해 과학자들이 수많은 이론을 내놓았을 거라고** 확신해요. 그렇지 않나요?"

"아다, 물론이야. 이러한 현상을 이해하려고 과학자들이 시도했던 양자역학 해석은 엄청나게 많지. 그중 너희에게 두 가지 이론을 소개해 줄게. 잠시 이 조그맣고 예쁜 고양이를 쓰다듬어 주고 나서 말이야. 이 보석 같은 모르티메르를!"

코펜하겐 해석

심화 자료 돋보기

　　코펜하겐은 독일과 스웨덴 사이에 끼어 있는 아름다운 나라 덴마크의 수도이다. 코펜하겐은 아주 인상적인 도시인데, 여름에는 유난히 밤이 짧다. 새벽 4시면 해가 뜨기 때문에 반드시 블라인드가 필요하다. 그리고 고성과 공원, 인어로 유명하며, 닐스 보어와 베르너 하이젠베르크 등이 물리학의 위대한 이론을 만들었던 대학교도 있다. 좀 더 자세한 것까지 이야기하자면, 레고도 덴마크에서 만들어졌다. 다양한 색깔의 작은 사각형은 우리 괴짜 꼬마들이 무정형의 형태에서부터 우주를 정복할 수 있는 로봇까지 뭐든 만들 수 있게 해 준다. 그러므로 레고를 만든 덴마크의 목수였던 올레 키르크 크리스티얀센에게 고마워해야 한다. 한마디로 아직도 덴마크에 가 보지 않았다면, 당장이라도 가 봐!

시그마 아저씨는 엄청 흥분해 있었다.

"두 거장이, 두 거인이, 두 타이탄이, 두 물리학자가……."

"아저씨, 좀 진정하세요. 좀 꼬집어 줘야 정신 차리실래요?"

필요할 때마다 옆에 있던 아다가 시그마 아저씨에게 말했다.

"보어와 하이젠베르크는 1927년 **코펜하겐 해석**에서 더도 덜도 아닌……."

"코펜하겐 대학교에서요! 더 말씀 안 하셔도 돼요."

막스가 괜히 한번 끼어들었다.

과학자 캐릭터 카드 **베르너 하이젠베르크**

코펜하겐 대학교에 근무하던 하이젠베르크는 보어의 제자였다. 보어는 이미 노벨상을 수상한 위대한 물리학자였고, 하이젠베르크는 스승 밑에서 빠른 속도로 공부를 해 나가던 학생이었다.

하이젠베르크와 그의 정신적 멘토였던 보어는 비록 몇몇 분야에서 의견의 일치를 보지 못했지만, 그들이 가지고 있던 물리학에 대한 확고한 비전과 토론은 두 사람을 훌륭한 과학자로 성장시키는 토대가 되었다. 덕분에 그들은 한걸음 더 나아가 위대한 발견을 할 수 있었다.

"**코펜하겐 해석**에 따르면 우리가 입자의 질량을 재면, 파동으로서의 가능성은 가지고 있던 모든 가능한 상태 중 하나로 붕괴돼."

"우리가 질량을 잴 때요?"

아다는 점점 더 흥미가 돋았다.

"그래! 보어와 하이젠베르크에 따르면 **실험실 도구를 사용하여 입자의 질량을 잰다는 것은 곧 붕괴를 야기한다는 거야.** 도구가 입자에 영향을 미쳐 붕괴를 가져온다는 것이지."

"맞아요!"

아다는 뭔가를 이야기하려고 했다.

"양자 피자의 경우로 돌아가 생각해 보면, 상자를 여는 것과 입자의 질량을 재는 것을 서로 비교해 볼 수 있어요. 상자를 열면 참-해 피자가 햄 피자 상태로 붕괴되거나, 혹은 참치 피자 상태로 붕괴되잖아요."

"그런데 이 상태가 될지 저 상태가 될지, 이건 무엇에 달려 있나요?"

막스는 먹을거리에 대해 쓸데없는 걱정거리가 생겼다.

"저는 햄을 좋아하지 않거든요. 항상 참치 피자만 먹고 싶어요."

"친구, 유감이네. **코펜하겐 해석**은 '왜'를 설명하지는 않아. 다만 그 상태가 더 이상은 존재하지 않는 것으로 받아들일 뿐이야. **그리고 이것이 되든 저것이 되든 어떤 식으로든 붕괴가 일어나는 것은**

양자역학 확률에 달려 있어."

　모르티메르가 네 가지 상태가 중첩된 양자 고양이라면(헬로키티, 슬픔에 빠졌다고 볼 수는 없는, 몽롱한, 터미고양이 상태까지 네 가지 상태를 떠올려 보자), 아다가 고양이 사진을 찍을 때마다 이 상태 중 어떤 것으로 붕괴될지는 똑같은 확률을 가져. 다시 말해서 각각의 상태는 25퍼센트로 관측될 확률을 갖게 돼. 모르티메르 사진을 네 번 찍으면 대체적으로 네 가지 상태 중에서 하나의 상태가 나타날 거야.

알고 있었니?

　코펜하겐 해석을 발표한 지 몇 년 뒤에 일어난 제2차 세계 대전 때 닐스 보어와 베르너 하이젠베르크가 드디어 서로 반대 진영에 서게 됐다는 사실을 말이야. 보어는 유대인 가정에서 태어났고, 하이젠베르크는 독일인이었기 때문이지. 당시 독일의 나치뿐만 아니라 연합군 측도 원자 폭탄을 만드는데 매달렸어. 먼저 원자 폭탄을 만든 쪽이 승리를 가져갈 게 너무나 뻔했어. 그래서 미국은 자국의 물리학자 줄리어스 로버트 오펜하이머와 보어 같은 과학자들을 명단에 올려 '**맨해튼 프로젝트**'를 시작했지. 반면 나치는 자국의 화학자 오토

한과 하이젠베르크와 같은 과학자를 섭외하여 '**우라늄 프로젝트**'를 시작했어. 두 팀의 과학자들은 핵물리학을 이해하고 새로운 현상을 발견하려고 엄청난 경쟁을 했어. 덕분에 만들어진 결과는 너무나도 참혹했지. 전쟁에서 이길 수 있는 엄청난 위력의 원자 폭탄을 만들었던 거야.

우리 괴짜 친구, 너는 어떻게 하겠니? 당시 그 과학자들의 자리에 있었다면 말이야.

하이젠베르크와 보어 이야기는 암시하는 바가 무척이나 커. 하이젠베르크는 나치가 진짜로 몰살을 꾀하리라는 것을 너무나 잘 알고 있었어. 그들의 생각에 동의할 수 없었던 하이젠베르크는 뭔가 하기로 마음먹었어. 그는 다른 과학자들과 사전에 치밀한 계획을 세워 나치 독일로부터 탈출해 코펜하겐으로 가 옛 스승인 보어를 만났지.

하이젠베르크는 이 일에 목숨을 걸었어. 만약 유대인과의 친밀한 관계가 발각돼 반역죄로 기소된다면 즉각 총살당할 게 분명했거든. 그래서 비밀리에 움직였던 탓에 이 운명적인 만남에 대해 세상에 알려진 것은 그리 많지 않아. 사람들은 하이젠베르크가 원자 폭탄에 대해 나치가 이뤄 낸 과학적 진전을 보어에게 밀고했다고 믿고 있어. 그리고 하이젠베르크가 어떻게 나치의 과학 발전을 보이콧할 것인가 두 사람이 머리를 맞대고 계획을 짰다고 알려졌지. 나치 독일이 연합국보다 먼저 원자 폭탄을 만들 수 없게 방해했다는 거야.

이 만남은 너무 유명해서 훗날 연극으로 만들어지기도 했어. 제목을 한번 맞혀 볼래? 그래, 맞아. 바로 〈코펜하겐〉이야! 너도 알겠지만 과학자가 된다는 것은 때로는 엄청난 책임이 뒤따르지. 하이젠베르크는 용기를 가지고 역사를 바꾸는 데 일조했어. 너도 세상을 바꿀 수 있겠지?

평행 우주 이론

탁월한 재능을 가졌던 미국의 휴 에버렛이라는 과학자가 1957년에 만든 **평행 우주 이론**은, 세상에서 가장 황당한 이론 중 하나라는 데 의심의 여지가 없어. 코펜하겐 해석에서 파동 함수 붕괴를 이해하려고 시도하던 중에 만들어진 이론이야. 에버렛은 이러한 붕괴가 사실상 일어나지 않는다는 사실을 깨달았어. 다시 말해 파동 함수는 절대로 붕괴하지 않아. 이 이론에 따르면 **중첩이 수많은 상태를 가지듯이, 측정 행위를 했을 때 완벽한 세상에선 수많은 결깨짐이 일어나.** 즉 앞에서 이야기한 양자 참-해 피자의 경우, 상자를 열었을 때 **우주는 두 개의 상태로 분리된다고 생각해야 해.** 만일 중첩이 여러 가지 상태 이상이라면, 예컨대 참치 피자, 햄 피자, 카르보나라 피자, 하와이언 피자 등과 같이 두 가지 이상의 상태라면 우주 역시도 더 많을 수 있으니까.

"싫어요! 하와이언 피자는 정말 싫다고요."

"막스, 조용히 해 봐! 이건 단지 예일 뿐이야. 여기서 생각해야 할 것은 파동 함수의 붕괴가 아니라, 우리가 살아가도록 우리에게 주어진 상태가 어떤 상태인지 지각할 거라는 것이지(그것이 하와이언 피자가 아니길 기대하자). 이것은 정반대의 것을 지각할 수 있는 우리의

또 다른 복사체가 있을 수도 있다는 것을 의미하는 거야. 기뻐해야겠지! 또 다른 우주에서는 또 다른 네가 참치 피자를 먹고 있을 수도 있고."

두 개 상태의 중첩과 관련된 실험에서 우주는 평행 우주라고 불리는 두 가지 결깨짐이 일어난다.

1. 하나의 우주에선 참치 피자

2. 또 다른 우주에선 햄 피자

모든 가지의 우주에 완벽한 하나의 복사본이 있어. 우리와 상자, 피자, 사투르니나 이모 등등. 그런데 여기에서 우리는 절대로 우주의 결깨짐을 눈치채지 못해.

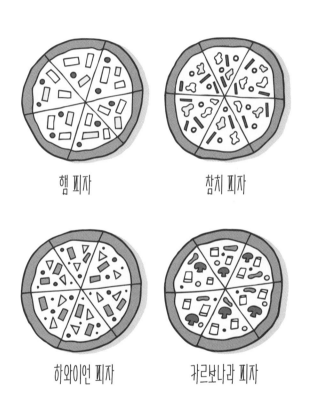

햄 피자   참치 피자

하와이언 피자   가르보나라 피자

너는 어떤 우주에 머무르고 싶니?

여기에서 가장 중요한 것은 휴 에버렛의 평행 우주 해석에서는, 분리된 우주라는 각각의 가지는 삼재적으로 무한하며 절대로 다른 가지에 있는 여타 우주에 상호 작용을 하지 않는다는 점이야. 즉, 한 번 분리가 되면 절대로 다시 만날 수 없어. 그래서 우리는 이것을 '평행'이라고 부르는 거야. 공상 과학 속 입자들이 무슨 말을 하든 간에.

이 경우 만일 아다가 고양이 사진을 한 장 찍는다면 네 개의 평행 우주가 만들어지고, 각각에 서로 다른 상태의 모르티메르가 존재하게 돼.

아다 그렇다면 더욱 분명해지는 것 같아. 아  까 너는 모르티메르가 네 방에서 발톱을 갈고 있어서 거실 커튼을 찢을 수 없다 고 했어. 고양이가 네 방에 들어간 순간, **평행 우주**에 있는 모르티메르의 두 번 째 상태가 커튼을 찢기 시작한 거지.

막스 그렇지만 그것 역시 불가능해. 왜냐하면 찢어 진 커튼을 본 건 우리가 존재하는 우주에서 본 것이 거든. 터미고양이가 평행 우주에서 커튼을 찢었다 면 우리 우주에서는 그런 일이 안 일어났어야지.

아다 너 아직도 이해 못했구나? **우리는 우주의 상호 연결이라는 경 우에 직면한 거야.** 모르티메르가 네 방에 들어간 순간, 평행 우 주가 만들어지고 그 평행 우주에서 모르티메르가 거실에 들어 온 거야. 그리고 동시이긴 하지만 서로 다른 두 우주에서 모르 티메르는 각각 네 방에서 발톱을 갈기도 하고, 거실에서 커튼 을 찢기도 한 거야. 그런데 어떤 순간에 두 우주가 서로 평행으 로 존재하는 것을 포기하고, 직각으로 교차하게 된 거지. 이것 이 바로 우리의 위대한 발견이지! 직각으로 교차하는 우주 말이야. 똑같은 시간의 조각 안에서 말이야. 터미고양이로서의 모르티메르가 우리 현실의 일부가 된 것이고, 그래서 고양이가 했던 행동의 결과인 찢어진 커튼을 볼 수 있게 된 거야.

막스 너무 나간 것 같다. 그건 불가능해. 시그마 아저씨가 방금 설명해 주신 것을 생각해 봐. 휴 에버렛의 평행 우주 이론은 파동 확률이 평행 우주를 만들기 위해 가지를 칠 수 있다고 설명했어. 평행으로! 알았어? 절대로 상호 작용을 하지 않는다고!

아다 물론 지금까지는 상호 작용을 하지 않았어. 왜냐하면 아무도 양자 고양이를 몰랐으니까. 그렇지만 이건 이미 일어난 일이야. 이것만이 이 현상을 설명할 수 있는 유일한 방법이라고.

모르티메르는 한 우주에서 다른 우주로 뛰어넘어 갈 수 있을까?

아다는 하나의 우주에서 또 다른 우주로 뛰어넘기라는 새로운 이론을 만든 것 같아. 그러면 우리는 서로 다른 우주에서 상호 작용을 할 수 있어. 우리는 우리 스스로와 상호 작용할 수 있을 뿐만 아니라, 터미고양이 상태의 모르티메르도 몽롱한 상태의 모르티메르와 만날 수 있어. 하지만 사실 만족스러운 만남은 될 수 없지.

양자적 창의력

하나의 우주에서 다른 우주로 뛰어넘기가 가능하다면 너는 무엇을 할래?

1. 수학 시험 해답을 몰래 볼 거니?

2. 동네에 있는 음식점을 털어 네가 사는 우주로 가져갈래?

3. ....

4. ....

5. ....

6. ....

그러나 평행 우주가 존재한다고 하더라도, 현재까진 우주와 우주 사이를 뛰어넘는 것은 불가능해 보여. 뿐만 아니라 그 누구도 중첩 상태의 고양이를 본 사람이 없어. 이것은 단지 입자나 입자들의 작은 집단에서만 일어나는 것이지 고양이에겐 일어나지 않아. 갈기갈기 찢긴 커튼이라는 현상에 대해서는 다른 설명을 찾아야 해.

"아저씨, 지금 뭐 하고 계신 건지 말씀해 주실 수 있어요?"
막스가 물었다.

아저씨는 손톱으로 거실의 커튼을 세게 긁고 있었다.

"헐, 이게 아저씨 작품이었어요? 아저씨가 커튼을 찢어 놓은 거예요?"

시그마 아저씨는 잠시 멈추고 놀란 눈으로 자기를 바라보고 있는 아다와 막스를 쳐다보았다.

"맞아, 내가 했어. 손톱의 케라틴 층을 좀 더 반짝이게 만들고 싶었거든."

"에에에에?"

아다가 기겁했다.

"아저씨가 이모네 집 커튼으로 손톱 연마하는 걸 좋아하다니."

"그렇지만 너무 걱정하지 마. 이 재난 상황을 만든 주체가 모르티메르라고 믿었던 것은 양자에 대한 너희의 지식이 확장되어 평행 우주를 상상할 수 있었기 때문에 가능했던 거니까. 아다의 직각 우주 이론처럼 새로운 이론을 한번 만들어 보려고도 할 수 있었고."

"아저씨를 맹세코 가만두지 않을 거야."

아다가 막스에게 목소리를 낮춰 이야기했다.

"이제 여길 떠나야겠다. 파동과 입자의 이중성에 대해 대학교에서 중요한 강연을 해야 하거든. 반짝이는 손톱과 함께 난 이만 갈게."

양자론적 변명

네가 학교에 갔는데, 선생님이 내준 물리 숙제를 깜빡 잊었어. 불행히도 너는 숙제를 안 한 우주에 있게 되었고, 이에 대해 뭔가 해명해야만 해. 그러나 다행인 것은 네가 숙제를 한 우주도 있다는 거야. 그리고 그 우주에서 똑같은 시간에 숙제를 제출했고, 만점을 받았다고 가정해 보자.

이제 네가 대가를 지불할 시간이야. 네가 쓰레기통을 비우지 않았고, 분리수거도 하지 않았기 때문에 이번 주는 용돈을 받지 못했어. 그런데 최소한 9개의 평행 우주가 존재하는 중첩의 경우가 생겨, 그 우주에서는 종이, 유리, 플라스틱, 페트병, 폴리에틸렌, 골판지, 그리고 고양이 똥까지 잘 분리해 놨다고 분명하게, 납득할 만큼, 이야기했다 치자. 그렇다면 당연히 두 배의 용돈을 받을 자격이 있고, 아마도 무사히 용돈을 받았을 거야. 하지만 문제는 그 용돈을 다른 우주에서 받았다는 것이지.

CHAPTER 4

불확정성의 원리

그날 아침 모르티메르는 인간과의 상호 작용, 그 이상을 원하는 듯 보였다. 고양이는 발에 열심히 몸을 비비더니 품위 없게 아다가 읽고 있는 책 위에 헤어볼을 토해 놓았고, 막스의 컴퓨터 모니터를 꺼 버렸다. 모르티메르가 한 짓은 재앙 수준이었다. 아다는 모르티메르와 교감을 나누는 상황을 틈타 그 고양이를 생포한 다음 화장실에 가뒀다. 아다는 그때 R.R. 콜린스의 마지막 작품인 《반지의 게임》을 읽고 있었고, 책에 푹 빠져 누가 귀찮게 하지 않길 바랐다.

막스는 아다에게 전혀 관심이 없는 듯했다. 막스는 게임을 할 때면, 마치 캡슐을 타고 우주 한복판을 떠돌아다니는 것 같은 표정으로 알지도 못하는 세계를 신나게 무너뜨렸다. 뿐만 아니라, 입으로 별별 소리를 내면서 익살맞은 표정을 짓곤 했다. 아다는 막스의 그런 모습을 볼 때마다 실실 비웃곤 했다.

"야, 게임 좀 그만해! 네가 집중력을 흩뜨리고 있단 말이야. 반지 운반자가 파넴에 곧 도착할 때거든."

아다가 버럭 소리를 질렀지만, 막스는 여전히 게임 속 오토바이 소리를 열심히 내고 있었다.

"너도 잘 알겠지만, 난 게임을 멈출 수 없어. 이건 마치 너에게 숨을 쉬지 말라고 부탁……."

막스는 말을 채 마치지 못하고 벙어리가 되어 멍하니 창문만 바라보았다. 그 순간 게임기를 손에서 놓치는 바람에 오토바이는 그만 허공으로 날아갔다.

"무슨 일이야? 뭔가 유령이라도 본 것 같잖아."

"너 모르티메르를 화장실에 가두지 않았니?"

아다는 의자에서 용수철처럼 벌떡 일어났다. 그리고 창문을 바라보며 막스 곁으로 다가갔다. 고양이는 집에서 2미터 정도 떨어진 거리의 나뭇가지 위에 차분하게 앉아 있었다.

"어떻게 저기까지 갔지? 미치겠네, 내 모자까지 가져갔어."

엄청 짜증스러운 목소리였다.

"고양이는 벽을 뚫지 못하는데. 이미 그건 우리가 이야기했잖아. 너, 분명히 모르티메르를 가두고 열쇠로 잠갔지?"

"그래, 분명히 잠갔어. 그런데 잠깐만……. 저 고양이는 모르티메르가 아냐."

막스는 아다의 말에 귀를 쫑긋 세웠다.

"모르티메르는 오른쪽 눈 위에 상처가 있는 검은색 고양이야. 그런데 저 고양이는 왼쪽 눈 위에 상처가 있어. 아직도 모르겠어? 모르티메르가 아니라 **반-모르티메르**라고. 반대 모습을 가진 고양이야."

막스는 길게 한숨을 내쉬며 얼굴을 손으로 가렸다.

"바보 같은 소리 좀 그만해."

"반물질에 대한 이야기 기억 못하니?"

"물론 반물질에 대한 것은 많이 읽었지. 그러나 반물질 고양이가 있단 소리는 못 들었는데……."

막스는 자신 없는 목소리였다. 어느새 고양이는 나뭇가지에서 내려와 무대에서 사라지고, 막스와 아다 둘만 남아 계속 토론을 이어 나갔다.

1930년 영국의 이론물리학자인 **폴 디랙**은 방정식을 가지고 놀다가(과학자들은 일하면서 즐겁게 노는 경우가 많다), **우주엔 사람들이 생각하는 것보다도 훨씬 더 많은 입자들이 존재한다는 것을 발견했다.** 방정식을 통해 이미 알려진 **전자, 양성자, 중성자** 이외에도 이들의 쌍둥이 형제 격인 **반전자, 반양성자, 반중성자**가 존재할 것이라고 예상했다. 접두사 '반'이 붙는 이름으로 인해 마치 좋지 않은 입자거나, 혹은 그와 유사하다고 생각할 수도 있지만 그렇지는 않다. 다른 것과 똑같은 입자를 의미하는데, 다만 반대 전하를 가지고 있을 뿐이다. 너도 잘 알듯이, 과학에서는 증명되지 않은 것을 이야기하는 건 아무런 의미가 없다. 그런데 이에 대한 증명은 2년 뒤에 이루어졌다. 1932년 미국의 물리학자 칼 데이비드 앤더슨은 우연히 반전자를 발견하여, 디랙의 반입자에 관한 황당한 이론을 입증했다.

아다 마찬가지로 물질로 된 모르티메르가 나타남과 동시에 반—모르티메르도 나타났어. 반물질로 만들어진 반—모르티메르 말이야. 그래서 상처가 반대쪽에 있던 거야.

모르티메르의 반대 모습이라고.

막스 아다, 생각해 보자. 입자 한 쌍, 즉 입자와 반입자 한 쌍은 우주의 빈 공간에서 창조된 거지, 이모의 정원에서 창조된 게 아니라고. 뿐만 아니라 사라지기 바로 직전에 아주 순간적으로만 존재하는 거야.

아다 네 말대로 그렇게 짧은 시간 동안만 존재한다면, 우리는 그것이 존재하는지 어떻게 알 수 있어?

시그마 얘들아, 그건 마치 우리가 소파 길이가 얼만지 재는 것처럼, 그리고 모르티메르가 먹을 우유의 온도가 얼만지 재는 것처럼, 그것을 재 봤기 때문에 알 수 있단다.

막스 우유의 온도를 재려면 엄지손가락을 모르티메르의 밥그릇에 넣어 봐야 하잖아요?

시그마 그게 가장 확실한 방법이지.

119

아다 시그마 아저씨, 아저씨는 좀 특이한 분이에요. 누가 그렇게 말

하는 거 못 들어 봤어요?

심화 자료 돋보기

세상을 양자화하기 위해서는 사물의 속성(길이, 부피, 질량, 속
도 등)에 숫자를 부여해야 한다. 그래야만 많든 적든 우리가
가지고 있는 것을 정의할 수 있다. 우리는 에너지와 속도, 그
리고 거리를 측정할 수 있다. 그런데 스페인에서 1미터는 프
랑스나 브라질에서의 1미터와 똑같을까? 그렇다! 왜냐하면
미터의 정의는 세계 어디서나 보편적이기 때문이다. 1미터는
빛이 299,792,458분의 1초 동안 달려간 거리이다. 그렇기
때문에 이 도량형 단위는 세계 어느 곳에서나 동일하다. 프랑
스 파리에 위치한 국제도량형국은 이러한 도량형의 단위에
대한 정의를 책임지며 역사적으로 처음 사용되었던 각각의
도량형의 물리적인 원형을, 예컨대 1미터를 재거나 길이 단
위를 이야기하는 데 필요한 막대기(처음에 정의되었던 것으로 아주
미세하지만 현재 정의와는 다른)를 보관하고 있다. 오늘날에도 여
전히 사용하고 있는 무게 단위인 킬로그램(비록 곧 바뀌겠지만)
의 원형도 물론 보관하고 있다. 만약 1미터가 도시마다 다르
다면 얼마나 복잡하겠어! 안 그래?

네 머리카락이 얼마나 긴지 재고 싶을 때처럼, 사물의 길이나 질량 등을 측정한다는 것은 정말 멋진 일이야. 자를 들면 우리는 잴 수 있어. 만일 엄청 긴 단어를 발음하는 데 시간이 얼마나 걸리는지 알고 싶으면, 정밀한 시계인 크로노미터를 사용하면 돼. 모르티메르의 몸무게가 얼마나 나가는지 알고 싶으면, 저울을 사용하면 되고. 그러나 원자의 질량이 얼마인지 알고 싶을 땐, 혹은 지구와 태양 사이의 거리를 알고 싶을 땐 어떻게 해야 할까? 랜턴의 빛이 벽에 도달하는 데 걸리는 시간을 재려면 어떻게 해야 할까? 아마도 그리 쉽진 않겠지. 지구에서 태양까지 갈 수 있는 엄청난 크기의 자를 사용해야 할까? 이럴 땐 머리를 써야 해. 그래서 과학이 재미있는 거야.

저비용 실험

가로등의 높이를 손대지 않고 그리고 기어 올라가지도 않고 재려면 어떻게 해야 할까? 머리를 잘 쓰면 1미터짜리 자를 가지고도 잴 수 있다. 힌트 좀 줄까? 태양을 하루만 관찰하면 된다. 잘 생각해 봐!

해결 방법

모든 물체는 그림자를 만드는데, 이는 측정 시간이 하루 중 언제인가에 따라, 일 년 중 언제인가, 그리고 물체의 크기에 따라 달라진다. 우리가 할 수 있는 일은 가로등보다는 좀 더 작은 것, 예를 들어 금잔화 등이 만든 그림자를 재 보는 것뿐이다. 그런 다음 금잔화의 키를 재고, 금잔화의 그림자와 비교해 본다. 예를 들어 금잔화의 그림자가 진짜 금잔화 키의 반쯤 된다면, 하루 중 바로 이 순간 이 장소에서 그림자는 언제나 실제 크기의 반이 되는 것이다.

이제 그 비를 알게 되면 가로등 그림자의 길이를 재기만 하면 된다. 만일 그림자가 2미터라면, 가로등은 그 두 배인 4미터인 것이다. 만일 광고판의 그림자가 3미터라면 광고판의 높이는 6미터인 셈이다. 우리는 이런 식으로 모든 것을 측량할 수 있다. 그러나 조심하자! **단지 똑같은 시간 똑같은 장소에서만 의미가 있다는 것을.**

이제 거리에 나가 다시 재 보자. 너는 세계가 어떤 식으로 변하는지를 볼 수 있다. 신기하지 않니? 이 지구 어느 곳에서 왔든지 과학자들은 다른 우주까지의 거리, 혹은 원자가 붕괴되는 데 걸리는 시간과 같은 복잡한 사물을 측량하는 데, 앞에서 보여 준 것과 똑같은 방법이나 더 기발한 방법을 사용해 왔다.

불확정성의 원리

이제 우리는 측량 전문가가 되었으니까 한 걸음 더 나아가자. 이 세상에서 가장 간단한 측량으로 돌아가 보는 거야.

이번엔 책상의 높이를 재 보자. 막스! 줄자를 가져와서 책상의 한쪽 끝에서 다른 쪽 끝까지……. 아하, 책상의 높이는 1미터 23센티미터야. 그런데 여기엔 문제가 있다는 걸 알아야 해. 1미터라는 단위는 조금씩 움직여. 그래서 그 값을 정확하게 알긴 어려워. 뿐만 아니라 줄자는 기껏해야 밀리미터까지밖에는 없어. 좀 더 정확한 것을 원한다면…….

조용히! 여기서 미칠 필요는 없어. 이것은 우리 이전에 다른 과학자들도 겪었던 일이니까. 다행히 그들이 이미 어느 정도 해결책을 찾아 놓았어. 다만 완벽하게 정확한, 유일무이한 측정치는 없어. 우리가 얻을 수 있는 최대치는 근삿값일 뿐이야. 그리고 불확정성. 이건 또 무슨 소리냐고? 우리가 의심할 수밖에 없는 값의 수준이 어디인지 이야기하는 거야.

예를 들어 책상의 경우, 1.23미터가 나왔지만 실제로는 1.229도 될 수 있고 1.231도 될 수 있지. 그리고 그 사이의 어떤 값도 즉 1.2293423343 혹은 1.2309838239…… 등이 될 수 있고. 1.229와

1.231 사이에 존재하는 그 어떤 무한 숫자도 측정치로서의 의미가 있어. 그래서 물리학자는 책상의 높이가 1.23미터라고 하지 않고, 1.229와 1.231 사이라고 이야기해. 아니면 대략 1.23 ±0.001이라고 하거나. 우리의 불확정성은 1밀리미터 정도의 오차에서 와. 더 정확하게 할 순 없을까? 물론 있지. 레이저를 사용하여 좀 더 정확한 방법으로 불확정성을 떨어트리면서 측정할 수 있어. 그런데 이러한 불확정성을 어느 수준까지 낮출 수 있을까?

애들아, **불확정성의 원리**는 양자역학에서 가장 놀라운, 기막힌, 특출한 원리 중 하나야. 그러니 먼저 너희 얼굴을 좀 식히고 앞머리를 치켜세운 다음, 정신 바짝 차리고 들어 보렴. 왜냐하면 내가 지금부터 할 이야기는 모든 것을 무너뜨릴 만한 엄청난 것이거든. 진짜 모든 것을 다!

시그마 아저씨는 갑자기 물병을 들더니, 단 한 방울도 앞머리에 떨어지지 않도록 아주 조심스럽게 얼굴에 물을 부었다. 그러고는 소매를 걷고 설명을 시작했다.

베르너 하이젠베르크의 불확정성의 원리는 입자의 위치와 속도를 동시에 극도의 정확성을 유지한 채 파악할 수는 없다는 거야. 최고의 측정 도구를 만들려고 아무리 노력해도 소용없어. 실험을 준비하는 데 아무리 많은 시간을 써도 쓸데없어. 그리고 아무리 매의 눈을 가졌더라도 말이야.

측량에서 위치에 무게를 두면 속도가 문제가 되고, 속도를 좀 더 정확하게 측정하려고 들면 이번에는 위치를 정확하게 알 수 없게 되지. 불확정성의 원리는 이 문제를 피할 수 없다는 거야.

좀 더 꼼꼼한 양자론 도전 : 그것을 잡을 수 있다고 생각해 보자. 루빅 큐브와 마찬가지야. 한 번쯤 해 본 적 있지? 한쪽을 맞추면……우선 푸른색을 맞추려고 해 보자. 다 맞췄다고 하고, 이번엔 빨간색을 맞춰 보자. 맞출 수 있다면 얼마나 좋겠어? 그러나 아, 빨간색을 정리하려고 하면 푸른색이 문제를 일으키지. 두 개를 동시에 맞추기가 얼마나 어려운지 알지? 그렇다면 양자역학에서는 당연히 더 어렵겠지. 불가능한 거야. 젠장, 양자물리학은 정말 어려워!

아다는 한숨을 내쉬었다.

"양자론적인 수다를 한참 떨었는데, 반-모르티메르는 거품이 되어 버렸네. 이젠 나뭇가지 위에 고양이가 없어. 빨리 찾아내서 완벽하게 반물질로 만들어진 첫 번째 고양이를 발견했다고 세상 사람들에게 증명해야하는데. 막스, 고양이들은 뭘 좋아해?"

"으흠, 상자!"

"맞아! 고양이들은 상자 속에 들어가 있는 거 좋아하지. 그런데 더 좋아하는 것은 없을까?"

"쥐……. 아닐까?"

자신감 없는 말투로 막스가 말했다.

"그래, 사냥이야! 만일 우리가 길들여지지 않은 반-모르티메르를 만나고 싶다면 사냥을 가야 할 거야. 사파리를 가야 한다고!"

아다는 함박웃음을 지었다.

아다는 한 손에는 캠코더를 들고 다른 손으로는 똑같은 힘으로 막스의 팔을 잡고서 복도로 나섰다. 진짜 사파리에 나서려는 모습이었다. 아다가 얼굴이 빨개질 정도로 화를 낼까 봐, 막스는 단 한 장의 마른 잎도 밟지 않으려고 노력했다. 손가락을 입에 대고 "쉿!" 소리를 냈다. 둘은 작은 숲, 잔디밭, 나무들 사이를 누비고 다녔다. 바람의 영향으로부터 좀 멀어진 곳이라 아무 소리도 들리지 않았고, 나뭇잎조차 움직이지 않았다. 조심스럽게 마치 호랑이나 사자라도, 아니 티라노사우루스 렉스라도 찾으려는 자세로 앞으로 나아갔다. 아다는 상상력이 너무 풍부해 머릿속에서 뭐든 만들어 냈다.

이때 고양이를 본 사람은 막스였다. 고양이는 진짜 사냥을 하고 있었다. 아니면 그렇게 보였는지도 모른다.

"우리는 사냥꾼을 사냥했어."

막스가 으스대며 말했다.

"쉿, 내 생각엔 저건 모르티메르가 아니야!"

모르티메르가 아니라고? 그렇지만 너무 닮아서 확실하게 구별하려면 털 한 오라기까지 자세히 살펴야만 했다. 상처가 오른쪽 눈 위에 있는 것이 아니라 왼쪽 눈 위라는 것을 제외한다면…….

아다는 이미 캠코더를 손에 들고 잔디 위에 엎드려 자리를 잡았다. 고양이, 아니 반고양이를 표적으로 겨눈 채 숨을 멈추고 최고로 집중했다. 눈앞에서 움직이는 모든 것을 찍을 요량이었다. 그때 갑자기 고양이가 어딘가를 향해 쏜살같이 달리기 시작했다. 아다는 손에 들린 카메라가 뜨거워지는 것을 느꼈다. 이쪽에서 저쪽으로 고양이를 쫓았다. 카메라가 오른쪽에서 왼쪽으로 모든 공간을 훑고 지나갔다. 아다는 미친 사람처럼 한 장면 한 장면을 초 단위로 나눠 찍었다. 막스는 아다의 광적인 행동을 바라보며 감히 입을 열 수 없었다.

"너 말이야. 뭐에 꽂혔는지 좀 알 수 있을까?"

고양이가 사라지자 막스가 마침내 입을 열었다.

"나는 양자론에 도전장을 낸 거야."

아다가 잘난 체하는 투로 말했다.

막스의 이어진 침묵은 뭔가를 더 기다리고 있다는 신호였다.

아다 하이젠베르크의 불확정성의 원리에 따르면 한 사물의 속도와 위치를 동시에 알 수 없다고 했어. 만약 네가 한 가지를 측정한다면 다른 것을 엉망으로 만들기 때문에 말이야.

나는 여러 방향, 여러 각도에서 반-모르티메르를 영상에 담아서 양자론보다 좀 더 나아가 볼 거야. 그렇게 하면 위치를 계산할 수 있고, 동시에 속도도 잴 수 있을 거야. 양자론을 박살 내 버릴 거야!

막스 불확정성의 원리와 같은 양자 효과는 원자 체계에서만 감지되는 거야. 고양이에게서는 불확정성의 원리를 감지할 수 없다고.

막스는 악마의 변호사가 되고 싶진 않았지만, 가끔은 별다른 방법이 없을 때도 있다는 생각이 들었다.

아다 우리는 양자 세계에 있어. 우리가 시그마 아저씨에게 배운 모든 것을 떠올려 봐. 우리는 중성자, 양성자 그리고 전자로 만들어져 있다고.

막스 그래, 그리고 광자(光子)도 있지. 만일 네가……. 아다, 벌써 밤이
되려고 해. 이곳이 무서운 어둠으로 가득 차기 전에 고양이가
조용히 사냥할 수 있도록 놔두자.

양자론이 주는 주의 사항

불확정성의 원리는 아주 작은 단위에서만 의미 있는 효과
를 만들어 내기 때문에 일상생활에서는 인지할 수 없다. 불
확정성의 원리를 서술하고 있는 공식을 신중하게 살펴보면
그 이유를 이해할 수 있다. 자, 준비됐니? 여기 공식이 있다.

$$\Delta x \Delta p \geq \frac{h}{2\pi}$$

이 공식을 처음 보았다면, 도대체 뭔지 이해할 수 없을 거야. 그러
나 너무 걱정하지 마. 한 걸음씩 나아가면 이해할 수 있을 테니까.

네가 불확정성의 원리에서 이해해야 할 것은 오차가 아니라, 부등호 기호로 표시되는 부등식이다. 우리는 그 부등호를 '크거나 같다'고 읽는다. 이봐, 미래 과학자, 좀 더 나아가면 이 부등식이 어디에 쓸데가 있는지 알게 될 것이다. 그리고 가장 중요한 것이 뭔지도 말이다.

아다와 막스는 사파리 탐험을 끝내고 이모 집으로 돌아왔다. 소파에 앉아 다시 불확정성의 원리에 골몰하고 있는데, 바로 옆에서 시그마 아저씨의 기척이 느껴졌다.

아저씨는 〈징글벨〉 노래를 부르며 가운 주머니에서 우스꽝스럽게 생긴 산타 모자를 꺼내 썼다. 아다와 막스는 물끄러미 아저씨를 바라보았다. 둘은 익숙해지지 않는 조금은 색다른 부끄러움을 느꼈다.

드디어 시그마 아저씨가 입을 열었다.

"크리스마스에 우리 집에는 식구가 몇이나 있을까? 어디에 식사를 차려 주지? 좋은 식탁이 하나 필요한데, 사각형이면 좋겠어. 색깔은 상관없고 재료와 높이는…… 자, 너희에게 한 가지만 부탁할

게. 크리스마스 저녁에 우리 집에서 쓸 식탁이야. 아직까지는 단한 번도 본 적 없는 미래의 내 처남과 장모님 그리고 여타의 사람들이 왔을 때 사용할 거야. 그러니까 좀 커야 돼. 나는 과학자니까, 그것도 상당히 멋진 과학자니까. 미리 계산해 봤는데, 조건은 단 하나만 줄게. 식탁 넓이가 25제곱미터는 되어야 해. 얘들아, 내 식탁 좀만들어 줘!"

"좋아요."

아다는 숨을 몰아쉬었다.

"전기톱에 손가락이 날아갈 위험을 감수해 볼게요. 아저씨가 나중에 우리를 저녁 식사에 초대하지 못하게 하려면……."

"아다, 아저씨는 우리보고 계산을 한번 해 보라는 거야."

막스가 이야기했다.

"먼저 아저씨가 제시한 조건을 살펴보자."

> 사각형 식탁의 넓이는 한 변의 길이 A에 또 다른 한 변의 길이 B를 곱하면된다. 그리고 각 변은 1미터 이하는 될 수 없다.

아저씨가 우리한테 제시한 것을 식으로 나타내면 다음과 같아.

$$A \times B \geq 25m^2$$

만일 우리가 한 변의 길이를 3미터라고 한다면 다른 한 변은 4미터가 될 수 있을까? 3×4=12니까 25보다는 작잖아. 그렇지만 안 되지. 그렇다면 5미터로 한다면? 마찬가지로 3×5=15니까, 여전히 25보다는 작지. 이번에는 다른 한 변을 9미터로 해 보자. 그러면 3×9=27이니까, 이번에는 25보다 크지.

만약 한 변을 3미터 대신에 2미터로 하면 어떤 일이 벌어질까? 그러면 다른 한 변이 9미터라고 해도 맞지 않아. 그것보다는 좀 더 커야 할 거야. 13미터는 되어야 할걸. **한 변이 짧으면 짧을수록 다른 한 변은 더 길어야 하지.**

A변(m)	B변(m)	넓이(m²)
3m	9m	27m²
2m	13m	26m²
1m	25m	25m²

"아저씨, 여기 세 개의 가능한 대안이 있어요. 이제 크리스마스엔 문제가 없…… 그런데 옷차림이 그게 뭐예요? 왜 여자 옷을 입

고 있는 거예요?"

시그마 얘들아, 안녕! 나는 사각형 식탁을 원해. 색이나 재질, 높이는 상관없어. 한 가지 조건만 지키면 되는데, 넓이가 25제곱미터 보다는 커야 해. 그런데 각 변은 1미터 이하로는 정확하게 잴 수 없다는 점은 기억해 두렴.

아다 아저씨! 말도 안 되는 조건이잖아요!

막스 너보단 내가 아저씨 말을 잘 따라가고 있는 것 같은데.

아다 알았어! 25제곱미터 이상을 재는 것은 쉬워. 가로세로가 1미터와 3미터짜리 식탁도 얼마든지 만들 수 있고. 1미터와 2미터짜리도 가능하고, 1미터에 1미터도 가능해. 뭐가 됐든 우리 선택은 상관없어. 한 변의 길이가 다른 한 변에 그리 큰 영향을 미치지 않으니까. 그렇지만 아줌마 옷을 입은 아저씨가 원하는 것이 그렇게 작은 크기라면, 가능할까?

이 식탁의 조건이 마치 불확정성의 원리를 닮았다는 것을 주목해 보자. 불확정성의 원리와 같은 부등식($\Delta x \Delta p \geq \dfrac{h}{2\pi}$)은 단지 $\Delta x \Delta p$가 $\dfrac{h}{2\pi}$와 비슷해질 때에만 영향을 미칠 수가 있다. 걱정 마, 너도 곧 이해하게 될 거야!

이제 우리는 무엇이 부등식이고, 불확정성의 원리와 같은 경우 '크거나 같다'고 된 양변의 항에서 가장 중요한 것은 반드시 서로 비슷한 값을 가져야 한다는 사실을 알고 있으니, $\Delta x \Delta p \geq \dfrac{h}{2\pi}$를 어떻게 계산하면 되는지 곧 알게 될 거야.

스케이트장에서 자전거를 타는 아다를 상상해 보자. 측정 도구를 든 막스는 아다가 점프를 해서 착지하는 장소와 속도를 정확하게 알고 싶다고 하자. 그것도 동시에! 왜냐하면 막스는 좀 미쳤으니까.

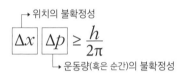

만일 우리가 위에서 본 등식을 여기에 적용한다면, Δx은 **위치의 불확정성을 나타낸다고 할 수 있어.** 이 경우 막스가 시그마 아저씨가 식탁을 잴 때 사용했던 줄자와 똑같은 줄자를 사용한다면 불확정성은 1밀리미터 이상이 될 것이고, 이를 미터법으로 표현하면 ±0.001미터야.

Δp는 **운동량의 불확정성**이야. 이상하게 들리지? 그렇지만 정의를 내리는 것은 그리 어렵지 않아. 아다의 멋지고 완벽한 신체와 자전거를 더한 경우엔, 운동량은 두 가지의 질량(즉 아다와 자전거의 질량

의 합)에 속도를 곱한 값이야.

아다와 자전거의 질량의 합이 **65킬로그램**이라고 생각해 보자. 그리고 막스는 이것을 이모 집에 있는 체중계로 쟀다고 가정하고, 자전거를 탄 아다가 **1초당 7미터 정도의 속도**로 바닥에 충격을 줬다고 하자.

그러면 자전거를 탄 아다의 운동량은 65kg×7m/s일 거야. 다시 말해 455kgm/s일 거야. 이제 막스가 측량에 아주 좋은 능력을 가지고 있어서 실수할 확률이 1퍼센트 정도밖엔 안 된다고 생각하자. 그러면 운동량의 불확정성은 4.55kgm/s일 거야.

그러면 이제 우리는 부등식에서 좌변을 계산할 수 있어.

$$\Delta x \Delta p = 0.001 \text{ m} \times 4.55 \text{ kgm/s} = 0.00455 \text{ kgm}^2/\text{s}$$

$$\Delta x \Delta p \geq \frac{h}{2\pi}$$

→ 플랑크 상수
(독일의 이론 물리학자 플랑크가 도입한 정수. 양자역학의 기본적인 상수 중 하나)

아직까진 머리가 어지럽지 않지? 그러면 정신 바짝 차리고 계속하자. 불확정성의 원리는 우리에게 $\Delta x \Delta p$가 반드시 플랑크 상수 h를 2π로 나눈 값보다 크거나 같아야 한다는 것을 알려 줘. 그렇다면 h 값은 어떻게 될까? 아주 작아. 아주, 아주, 아주 작아.

h는 $6.62606957 \times 10^{-34}$ kgm²/s이야. 이를 만일 과학적인 수식으

로 표기하는 것을 포기한다면, 대략 0.00000000000000000000000000 000000000662606957kgm²/s가 돼.

$\Delta x \Delta p$가 아주, 아주, 아주 $\dfrac{h}{2\pi}$에 가까워질 때, 불확정성의 원리의 효과가 두드러진다.

그래서 아다와 자전거의 $\Delta x \Delta p$가 0.00455kgm²/s이고 이는 $\dfrac{h}{2\pi}$의 값인 0.00000000000000000000000000000000105456925 kgm²/s에 아주 다가갈 거야.

물론 이건 안 돼! 차이가 0에 가까워야 하는데…….

우리가 불확정성의 원리를 인식하지 못하는 것과 똑같은 거야. 불확정성의 원리의 효과는 입자의 세계에서만 인지가 가능한 거야. 여기에서 거리는 대략 0.00000000001미터, 운동량은 0.0000000000000000004kgm/s이다. 다시 말해 아주, 아주, 아주 값이 작은 거지.

이런 입자들의 세계에서 $\Delta x \Delta p$이 $\dfrac{h}{2\pi}$보다 같거나 크기 위해서는

- 만일 Δx가 아주 작으면 Δp는 좀 더 커야 하고
- 만일 Δx가 좀 크면 Δp는 작아야 한다. 마치 시그마 아줌마가 원한 식탁 양변의 길이와 같이 말이야.

그래서 양자론 차원에서는 위치를 정확하게 재면 잴수록 운동량이 부정확해지고, 반대도 마찬가지일 수밖에 없어. 그러나 모르티메르와 반-모르티메르, 그리고 아다와 막스의 미니 사파리와 같은 차원에서는 불확정성 원리는 존재하지 않는 것과 같아.

"이럴 수가! 그렇다면 이런 캠코더로는 양자론을 깰 수 있는 방법이 없다는 거잖아요."

아다는 소파에 앉아 좀 짜증스러운 표정을 지었다.

"반물질로 된 포유류의 위치와 운동량을 정확하게 측정해서 양자론에 도전해 보려고 했는데."

"이런 캠코더로는 최소한 그것을 바라보는 사람의 망막밖에는 못 깨."

막스가 캠코더를 이리저리 살펴보았다.

"모든 것이 계속 움직이니까, 아무것도 정확하게 보이지 않아. 뿐만 아니라 반-모르티메르가 만들어질 확률도 없어. 하이젠베르크의 불확정성의 원리가 그것을 막고 있지."

시그마 아저씨는 양손에 거울을 하나씩 들고 어느 거울에 머릴

빗은 자기 모습이 더 잘 보이는지 비교하면서 설명했다.

아다는 한숨만 내쉬었다.

"그렇지만 **반물질로 구성된 반-모르티메르의 존재**는 완전 믿게 됐어요. 내 눈으로 직접 봤으니까요."

"흐음, 여기에선 단 하나의 해결책밖엔 없겠어."

아저씨는 앞머리를 말끔히 정리했다. 그러고는 검지와 새끼손가락에 침을 묻히더니 눈썹을 손질했다. 그런 다음 바지춤을 거의 겨드랑이까지 끌어 올리고, 갑자기 소파 옆 탁자 위에 있던 모든 물건을 쓸어버리더니 거기에 올라가 둘에게 멋진 설명을 들려주었다.

시그마 타임 : 가상의 입자

불확정성의 원리는 짝을 이룬, 즉 켤레가 된 두 가지 크기를 이야기하기 위한 거야. 우리는 이것이 위치와 속도(혹은 운동량) 문제에서 일어난다는 것을 앞서 살펴보았어. 그러나 이것 외에도 또 다른 켤레를 이루고 있는 것이 있어. 예를 들어 에너지와 시간 같은 것 말이야.

아주아주 짧은 시간이 있다면 에너지에서의 불확정성의 문제가 존재해. **인간의 언어로 번역을 한다면, 아주 짧은 시간에선 텅 빈 공간이라는 무(無)에서 에너지가 만들어질 수 있어.** 그렇다면 이 에너지에겐 어떤 일이 일어날까? **아주, 아주, 아주 짧은 시간에만 존재했다가 결국은 무로 돌아가 소멸해 버리기 때문에 가상의 입자라고 부르는, 입자와 반입자 한 쌍을 만들어 낼 수 있지.** 너무 빠르게 이런 일이 일어나기 때문에 아무도 그것을 보지 못했어. 그러나 우리는 입자를 측정할 수 있으니까, 입자가 분명히 그곳에 있었다는 것을 알지. 다시 말해 우주는 지속적으로 불확정성의 원리에 기초하여 무(無)라는 텅 빈 공간으로부터 입자와 반입자를 창조하고 있다는 얘기.

양자론이 주는 주의 사항

　　우주에서의 입자의 창조가 언제나 대립쌍인 반입자를 만들어 낸다면, 이 한 쌍은 함께 파괴되는 것으로 끝난다. 그렇다면 현재 우리 몸을 구성하고 있고, 우리 집과 우리 포켓몬을 구성하고 있는 입자는 어디에서 나왔을까?

　　그리고 입자들의 반입자는 어디에 있을까?

　　왜 창조의 순간에 소멸되어 사라지지 않았을까?

　　이것이 과학 최고의 불가사의 중 하나이다. 오늘날까지 아무도 이것을 설명하지 못했는데, 언젠가 설명을 할 수 있는 누군가가 나타나길 기대한다. 바로 네가 그런 사람이 될지도 모르지.

아다 아브라카다브라…… 나와라, 얍! 어때? 내가 바구니에서 토끼 한 마리를 꺼냈어.

막스 그 토끼는 원래부터 거기에 있었어. 이중 바닥을 가진 모자라 네가 토끼를 꺼낼 수 있었던 거야.

아다 아냐! 불확정성의 원리에 기초하여 텅 빈 공간에서 토끼를 꺼낼 수 있었던 거야.

막스 넌 꼼수를 쓴 거야. 무에서 양성자와 반양성자, 전자와 반전자 등은 나올 수 있어. 하지만 온전한 토끼 한 마리는 나올 수 없다고. 토끼 안에는 입자가 너무나 많아서 그런 일이 일어날 수 없어.

아다 그렇다면 가상의 토끼가 아닐까?

막스 아니거든. 진짜 토끼야. 저기 봐, 상추를 뜯어 먹고 있잖아.

141

반물질

만일 이 세상에 양성자, 중성자, 전자만 존재한다면 물리학자들이 얼마나 따분할까! 다행히 그보다 더 다양한 입자가 존재해. 반물질로 구성된 입자들과 같은……

반입자들은 우리가 아는 입자들의 쌍둥이 입자로, 정말 똑같이 생기긴 했지만 반대 전하를 가져. 만일 전자가 음전하를 띠면 반전자는 양전하를 띠고 있지. 나머지는 똑같아. 우리는 창의적인 생각을 발휘하여 반전자에 '양전자'라는 이름을 붙였어. 양성자는 양전하를 띠므로 반양성자는 음전하를 띠지. 가장 조심해야 하는 것은 만일 입자가 반입자와 만난다면, 퍼어어어엉! 커다란 폭발과 함께 사라져. 입자와 반입자는 함께 생성되었다가 함께 파괴돼. 서로 마주치기만 하면 파괴되도록 예정된 물질로 만들어진 쌍둥이야.

만일 물질과 반물질이 비슷하다면, 그러니까 **양전하가 반양성자 궤도를 돌면서 반원자를 구성할 수 있을까? 물론이야.** 과학자들은 전 세계에서 규모가 가장 큰 물리학 연구소인 유럽원자핵공동연구소(혹은 유럽입자물리학연구소)에서 반수소의 반원자를 만들어 냈어. 1996년 당시, 과학자들은 반수소 원자를 자기장의 빈 공간에 떠 있도록 유지했어. 왜냐하면 다른 뭔가와 부딪히면…… 퍼어어엉! 하고 사라지기 때문이야.

고비용 실험 : 안개상자

준비물 : 플라스틱 용기(어항처럼 생긴), 플라스틱 용기를 올려 놓을 수 있는 홈이 파인 금속판, 커다란 상자, 부직포, 알코올, 손전등, 드라이아이스

순서 :

1. 금속판 홈에 알코올을 붓는다.
2. 부직포를 알코올로 적신 다음, 플라스틱 용기 밑바닥에 깐다.
3. 플라스틱 용기를 금속판 홈에 잘 맞춰 끼운다.
4. 드라이아이스를 넣은 커다란 상자 위에 3을 올려놓는다.

잠시 기다려! 네가 준비한 장치 아래 부분에서 안개 같은 것이 피어오르면 불을 끄고 손전등을 켠다.

그리고 플라스틱 용기의 금속판 가까이에 있는 아래 부분을 바라본다.

여기까지 잘 진행됐다면, 자세히 살펴보면······ 실험 장치 안을 관통하는 광선을 볼 수 있을 텐데, 이것이 바로 입자다. 드라이아이스의 차가움이 극도로 안정된 상태를 만들어 내고, 그 결과 기체가 액체로 변한다.

이 경우 그곳을 지나는 입자는 방울을 만든다. 비행기가 하늘에 남기는 비행운과 같은 물방울 길 비슷한 것이 만들어지는데, **우리는 이를 통해 입자가 지나가는 것을 볼 수 있다. 그리고 이 입자들 중 몇 개는 반입자들이다.**

네가 만든 것이 영국의 기상물리학자 윌슨이 만든 안개상자이다.

이후 다른 과학자들에 의해 여러 종류의 안개상자가 만들어졌고, 안개상자로 물리학 실험을 진행하기도 했다.

미국 캘리포니아 공과대학에서도 양전자를 발견하려고 애썼는데, 1932년 이 대학의 칼 데이비드 앤더슨과 로버트 밀리컨이 이 안개상자를 이용하여 우연히 양전자를 발견했다. 사실 이들은 양전자를 찾으려고 했던 게 아니었는데 말이다. 이 성과로 두 사람은 노벨상을 받았다. 억세게 운이 좋은 사람이 있다면······.

뿐만 아니라 입자들의 엄청난 충돌과 기술 덕분에 창조된 반물질은 이 세상에서 가장 비싼 물질이다. 1밀리그램의 반수소는 값이 수천만 유로에 달한다. 그렇기 때문에 1그램을 생산하기 위해서는 수백 억이 필요할 뿐만 아니라 수천만 년이 필요하다.

막스, 잘 알았니? 반물질로 반수소를 만들 수 있을 뿐만 아니라 반헬륨, 반탄소, 반산소, 반금 등도 만들 수 있어. 반물, 반소금, 반메탄과 같은 그 어떤 합성물도 말이야. 우주 어느 곳엔가 반물, 반물고기, 햄-치즈 피자의 반피자 등으로 이루어진 반공간이 존재한다고. 물론 반-막스도 존재할 수 있고.

만일 네가 반-너와 마주친다고 해도 악수는 절대로 할 수 없다. 물질과 반물질이 만나면 …… 퍼어어어엉! 하고 터진다는 사실을 잊어서는 안 돼!

반물질의 응용

물질과 반물질이 만나면 폭발해. 퍼어어엉! 둘 다 에너지로 변하여 사라지는 거야. **물질과 반물질의 치명적인 만남이 만들어 내는 폭발은 그 위력이 다른 것과 비교할 수 없지.** 가솔린이나 폭약, 더 나아가 원자 폭탄과도 비교되지 않아. 이런 엄청난 결과를 만들어 낼 수 있는 것이 얼마나 많은지 네가 상상할 수나 있을까?

반물질 폭탄

우리가 상상해 볼 수 있는 가장 쉬운 것은 어찌 보면 최악이라고 할 수 있는 전쟁 도구야. 반물질은 가장 위력이 강한 핵폭탄의 천 배나 되는 엄청난 파괴력을 가지고 있지. 반물질 볼펜 정도면 일본의 히로시마와 나가사키에 떨어진 핵폭탄을 합한 것보다 더 큰 폭발을 만들어 낼 테니까. 다행히 아직은 아무도 이처럼 강한 파괴력을 가진 폭탄을 만들지는 못했어. 그러나 다스 베이더와 같은 악당의 손에 이런 폭탄이 들어간다면 얼마나 끔찍한 결과를 가져올지는 가히 상상할 수 있어. 만일 네가 반물질 볼펜을 가지고 있다면 절대로 뚜껑을 물어뜯으면 안 돼!

연료

반물질은 엄청난 에너지를 만들어 내기 때문에 상상하기 힘든 속도의 슈퍼카를 만들거나 글자 그대로 날아가는 기차를 만드는 데 응용할 수 있어. 반물질은 가솔린이나 탄소를 연소시켜 만드는 에너지의 백만 배 이상의 에너지를 만들어 내. 반물질을 탑재한 자동차를 타고 조용히 달릴 수 있을까? 안 돼. 조그만 충돌로도 퍼어엉 터져 버릴 테니까.

이렇게 지상 운송 수단으로 사용될 땐 지나치게 위험하다고 할 수 있지만, 수중 도시에 사는 사람들에게 식량을 공급하는 에너지원으로 사용될 수는 있어. 애니메이션 〈스폰지밥〉에 나오는 '비키니 시티' 같은 완전히 물에 잠긴 해저 도시 말이야. 그렇지만 최소한 스폰지밥이 사는 파인애플 모양의 집에선 살고 싶진 않아.

우주여행을 위한 수단으로

반물질로 움직이는 우주선이 있으면 우주여행이 현실화될 거야. 빛의 10~50퍼센트 사이의 속도를 낼 수 있을 테니까. 그러면 태양계를 이웃집 놀러 가듯이 여행할 수 있어. 반물질이 충분히 있다면 은하계까지도 여행하면서 이런저런 별을 방문할 수도 있지.

병원에서

모든 것이 미래에만 응용되는 건 아니야. 반물질은 이미 병원에서 종양을 찾는 데 스캐너로 사용하는데, 이를 PET(양전자 단층 촬영)라고 불러. 반물질 몇 그램이 충돌한다면 지구를 두 개로 쪼개 버릴 수도 있지만, 두 개 입자 정도의 충돌은 거의 아무런 해를 입히지 않고(느껴지지도 않는다), 오히려 의사들이 종양을 찾는 데 도움이 돼. 만약 아주 작은 양을 사용할 수 있다면, 가까운 미래에 세심한 주의를 기울여야 하는 부위, 예를 들어 뇌와 같은 부위의 종양을 제거하는 데 사용할 수 있을 거야. 그리고 이건 이미 연구 중이기도 해.

이미 칠흑 같은 밤이 되었다. 이모의 정원은 밤 9시 34분만 되면 커다란 가로등에 자동적으로 불이 들어와 등골이 오싹해지기도 한다.

아다는 창가로 다가갔다.

"막스, 저기 좀 봐! 모르티메르와 반-모르티메르가 함께 잔디밭에서 놀고 있어."

"그래, **다행히 소멸되진 않았네.** 결국 반물질 고양이는 황당한 것일 수밖에 없나 봐. 똑같이 생겼다면 그건 형제이거나, 아니면 사촌일 거야. 비록 그들이 놀고…… 아! 찾았다. **좋은 주제 거리를 찾았어.**"

"바보 같은 소리 하지 마. 나는 다시 책이나 볼래. 이웃집 고양이들 사생활보다 이게 훨씬 더 재미있어."

아다는 다시 《반지의 게임》을 읽기 시작했다. 반지 운반자가 반물질 자루를 가지고 있으면, 반지를 파넴으로 운반하는 것이 그렇게 고생스럽지 않았을 거라는 생각이 들었다.

그사이 막스는…… 계속해서 화장대 앞에서 앞머리를 세우며 입으로 껌과 반껌을 씹는 듯한 소리를 냈다. 쩝쩝, 쩝쩝, 쩝쩝.

CHAPTER 5

양자 얽힘과 순관 이동

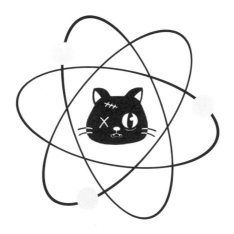

'고양이 때문에 여러 가지를 배우고…….'

아다는 학교 친구들 채팅방에 글을 썼다. 그간 아다가 경험한 이야기를 들으면 친구들도 정말 재미있어 할 것 같았다. 양자물리학과 연결된 것으로 인해 하루하루를 어떻게 보내고 있는지 그리고 새롭게 알게 된 것은 무엇인지 빠짐없이 이야기해 주고 싶었다.

그날 오후 아다는 자기 스타일로, 즉 모자를 쓰고 접이식 침대 의자에 앉아 감전된 도마뱀처럼 흔들거리며 시그마 아저씨의 과학

책을 읽고 있었다. 막스는 부엌에서 아저씨가 만들어 준 당근레몬 주스를 마시며 아다를 바라보았다.

'도대체 내가 뭘 본 거야? 도저히 믿을 수가 없네. 아다가 원자 그림이 그려진 수영복을 입고 있잖아. 상태가 점점 더 나빠지는 것 같은데…… 양자물리학이 아다 머리에 너무 심한 영향을 미친 듯해.'

막스는 혼자 생각했다.

"마아아악스! 드디어 알았다!"

아다가 갑자기 접이식 침대 의자에서 벌떡 일어나(하마터면 바닥을 구를 뻔했다) 원자 그림이 그려진 수영복에 모자를 쓰고 침대 의자를 발에 매단 채 막스를 향해 달려왔다. 정말 끔찍한 모습이었다. 막스는 하마터면 주스를 떨어트릴 뻔했다.

"알았어!"

"뭘? 세상에서 가장 멋진 수영복을?"

"수영복 이야기는 그만둬. 모르티메르 말이야. 그 녀석 분명히 순간 이동했어."

"넌 그 주제 때문에 곧 치명상을 입을 것 같다. 그건 불가능……"

막스는 그쯤에서 입을 다물었다. 불가능이라는 단어를 말함과 동시에 아다가 즉시 또 다른 '양자화된' 이야기로 반격할 것이 분명했으니까. 더욱이 아다는 시그마 아저씨의 메모까지 들고 있었다.

바로 오늘이 자기가 좋아하는 문제를 열정적으로 토론하는 날이 될 것 같았다.

"불가능한 것은 없어. **양자물리학에 따르면 순간 이동도 가능해. 게다가 이미 성공**한 적도 있다고!"

"만일 순간 이동이 가능하다면, 우리가 가장 좋아하는 여행법이 되지 않을까? 석유를 쓰지 않고도 빠르고, 깨끗하고, 제일 멋 부릴 수 있는 방법이 될 테니까. 순간 이동을 꿈꿔 보지 않은 사람이 어디 있겠어."

"야, 반물질 모드로 말하지 마. 순간 이동은 가능해. 〈피니와 퍼브〉에서도 순간 사진 전송기의 일종을 만들었잖아. 안 그래?"

"그래, 하지만 그건 만화영화일 뿐이야."

"그럼 〈스타트렉〉이나 〈스타게이트〉에 대해선 뭐라고 할래? 〈해리포터〉에 대해서는? 또 〈해리포터〉에 나오는 마법의 플루 가루가 있다면…… 혹은 세상에 나온다면. 그리고 참, 손오공도 순간 이동 했어!"

아다는 단정적으로 이야기했다. 아다는 막스가 손오공에는 저항하지 않을 거라는 것을 잘 알고 있었다.

"우우우오오오오! 대단한 논리야! 플루 가루, 〈스타트렉〉, 이건 전부 공상 과학이거나 마술에서나 나오는 거라고. 현실에 순간 이동은 존재하지 않아. 아무리 내가 좋아하긴 하지만 손오공도 안 되는 거야."

"순간 이동은 존재해. 아저씨 책에서 읽은 적 있어. 너에게도 보여 줄게."

"오케이. 보여 줘 봐! 뭘 알아냈는데?"

"순간 이동의 열쇠는 **양자 얽힘**이라고 부르는 거야. 아저씨가 말해 주길 양자 얽힘은 우주의 한 점에서 일어나는 일이, 동시에 또 다른 우주의 한 점에 뭔가 영향을 미치게 만드는 것이라고 했어. 그러니까 이건 원거리에서 일어나는 비현실적인 유령 작용이야."

"그렇지만 그건 영혼도 아무것도 없잖아. 안 그래? 너도 잘 알잖아, 유령은 말이야……."

심화 자료 돋보기

'원거리 유령 작용'은 아인슈타인과 또 다른 두 명의 물리학자인 보리스 포돌스키와 네이선 로젠이 붙인 이름이다. 이들은 1935년에 이 이론을 만들었는데, 많은 사람들이 이에 대해 비웃었다. 그 이유는 절대로 현실에서 이루어질 수 없다고 생각했기 때문이다. 하지만 때때로 사물은 보이는 것과는 전혀 다른 모습으로 나타난다!

아다는 드디어 발에 걸린 접이식 침대 의자에서 벗어났다. 그 순간 문을 두드리는 노크 소리가 들렸다. 시그마 아저씨였는데, 처음으로 사고 치지 않은 모습으로 나타났다. 아다와 막스는 아저씨의 출현을 즐거워했다.

"안녕하세요, 아저씨! 아다가 막 양자 얽힘과 순간 이동에 대해 설명하려던 참이었어요."

"마리아 살로메아 스크워도프스카-퀴리가 발견한 라듐! 가장 믿기 어려운 양자물리학의 신비하고 재미있는 주제로 다시 가는 건가! 내가 정말 좋아하는, 날 매료시킨 주제야. 오, 아다! 정말 예쁜 수영복이구나. 나도 똑같은 그림이 그려진 수영복이 한 벌 있어."

아다는 그건 최신 유행에 그리 좋은 소식은 아니라는 생각이 들었다. 막스가 삼인분의 주스를 내왔다.

"자, 그러면 아다가 우리에게 양자 얽힘에 대해 무엇을 설명하려고 했는지 얘기해 줄래?"

시그마 아저씨는 단숨에 주스를 마신 다음 아다에게 말할 기회도 주지 않고 질문을 계속했다.

"사실 굉장한 주제야. **양자 얽힘은 똑같은 정체성을 가져서 서로 분리된 것으로는 정의할 수 없고, 오히려 다른 것과 관계를 맺고 있다고 정의하는 것이 옳은 입자들의 집합이 지닌 독특한 속성이거든.** 이러한 입자들은 서로서로 의지하고 있지. 바로 이런 특성이 아주 유별난 것의 원인이 되는 거야."

"어떤 거요?"

막스가 되물었다.

"막스! 중첩의 경우를 다시 떠올려 봐. 우리가 여러 가지 상태의 양자 중첩 상태에 있는 입자를 측정할 때 이러한 붕괴가 일어나 단 하나의 상태로 환원되는 것 말이야."

웜홀
89쪽으로

흥분한 아다가 막스를 향해 따발총 같이 말을 쏘아 댔다.

"원자 수영복을 입은 우리 총명한 여성 과학자 동지, 바로 그거야. 이번에는 다양한 입자가 존재하는데, 이 모든 입자가 집합적인 중첩의 일종이라고 상상해 봐. **우리가 입자를 측정하면 붕괴가 일어나고 입자 전체가 하나의 상태가 되는 거야.** 즉 전체적인 중첩 혹은 얽힘이 일어난다고."

"맞아요, 아저씨. **얽혀 있는** 거예요. 입자 각각의 상태 하나하나는 다른 입자의 상태에 달려 있어요. 우리 삶과 똑같은 거예요. 제가 막스를 수영장으로 민다면 막스는 제게 화를 낼 거예요. 저의 장난스러운 상태가 막스의 화난 상태와 얽혀 있는 거죠. 그건 제가 증명할 수 있어요."

"아다, 절대로 그런 일은 일어나지 않을 거야."

막스는 얼른 시그마 아저씨의 등 뒤에 숨었다.

"그런데 얽혀 있는 수많은 입자의 붕괴가 너희에게 왜 그렇게 중요한지 이해가 안 되는데."

아다는 모르티메르가 순간 이동했기 때문에 양자 얽힘에 대한 이야기가 나왔다고 설명했다. 그런데 아직은 무엇을 더 생각해 봐야 할지 모르겠다는 말도 덧붙였다.

"얽혀 있는 입자들은 절대로 함께 있을 수 없어. **아무리 몇 광년씩이나 떨어진 곳에 있더라도 그들 중 하나를 관찰하는 순간** 전체 시스템이 붕괴되거든. **그래서 어디 있든 간에 모든 입자의 상태를 정의할 수 있는 거야.** 바로 이것이 순간 이동의 토대가 되는 거고."

"하나의 시스템에 들어 있는 모든 입자가 한꺼번에 붕괴될 거라고요? 아무리 먼 거리에 있어도요? 아다가 어떤 우주의 한 지점에 있고, 제가 수킬로미터 떨어진 곳에 있어서 아다를 볼 수 없어도, 그곳에 있는 저도 똑같이 화를 낼까요?"

시그마 아저씨는 마음을 가라앉히질 못했다. 너무 흥분해서인지 가슴이 마구 부풀어 올랐다. 앞머리는 더욱 빳빳해졌고 미소가 피어올랐다. 새로운 것이 터져 나올 것만 같은 순간이었다.

시그마 타임

얽힘은 양자물리학에서도 가장 강렬한 인상을 주는 것 중 하나야. 그 결과는 고전적인 세계에서와 같이 특정 장소에 국한되지 않아. 고전물리학에서는 어떤 것에 대해서 효과를 이끌어 내려면 그 옆에서 혹은 다른 수단으로 그러한 효과를 전달해야만 했고, 대부분의 경우 이러한 전달은 빛의 속도로 이루어졌어. 그러나 양자의 세계에서는 그렇지 않아. 우리의 측량이 원거리에서 효과를 만들어 낼 수도 있어. 이웃집, 다른 도시, 다른 세계의 또 다른 지점에서!

정반대의 성격을 가진 두 개의 쌍둥이 입자가 서로 얽혀 있다고 상상해 보자. 하나는 음이고 하나는 양, 하나는 바나나이고 하나는 사과, 하나는 하얀색이고 또 다른 하나는 검은색인 쌍둥이 입자 말이야. 하나는 마드리드에 있고, 또 다른 하나는 바르셀로나에 있는. 그러나 데이터를 잘 살펴보자. 서로 얽혀 있어서 정체성이 정의되지 않은 한 쌍을 상상해 보자. 어떤 것이 양인지 어떤 것이 음인지는 알 수 없지만 분명히 서로 정반대의 성격을 가졌다는 사실은 확실히 알고 있다고 하자. 그중 하나를 측정해 그 상태에 영향을 주어 정체를 밝히면, **짜잔!** 이제 나머지 하나, **쌍둥이의 상태**도 동시에 밝혀지게 돼. 그것이 어디 있든지 간에 그 상태는 다른 하나를 살펴보는 것으로 알 수 있지. 반대의 경우도 마찬가지야. **음과 양은 영원하라!**

원더 트윈스 : 스핀과 스판, 양자 쌍둥이 붕괴 문제

스핀과 스판은 쌍둥이 형제인데 판박이일 정도로 아주 똑같이 생겼다. 서로 다른 점이 있다면 그것은 머리카락 색이다. 한 사람은 금발인데, 다른 한 사람은 갈색 머리이다. 양자 이발소에 가면 두 사람에게 얽힌 색으로 염색을 해 주므로 '하나로 묶인 중첩' 상태가 된다. '스핀 금발-스판 갈색' 그리고 '스핀 갈색-스판 금발.' 이 같은 '하나로 묶인 중첩' 혹은 '얽힘'은 누군가가 그들 중 한 사람을 관찰할 때까지 지속된다. 그렇게 되면 자동적으로 한 사람은 금발로 또 다른 사람은 갈색 머리로 환원된다.

스핀 평생 양자처럼 산다는 것은 정말 매력적이야.

스판 누구에게도 들키지 않고 얽힘의 집으로 가 보자. 나는 공원으로 갈게.

스핀 나는 하이젠베르크 광장으로 갈게. 아무도 보지 못하게 할 거야. 붕괴가 일어나면 정말 끔찍하니까. 나는 금발이 훨씬 더 좋은데 갈색 머리가 돼 버릴 테니까.

스핀 & 스판

앞서 얘기한 대로 스판은 공원으로 향했는데, 두 명의 사람이 다 가오는 것을 보고서 얼른 호수로 뛰어들었다. 그런데 그 둘은 계속 그곳에서 대화를 나누었다. 스핀은 금발과 갈색 머리가 섞인 머리로 물 밑에서 호흡을 참고 있었다.

스핀은 다른 길로 갔다. 그러던 중 할미니 한 분이 다가오는 것을 보고는 얼른 쓰레기통으로 숨었다. 할머니가 지나간 다음에야 통에서 나와 재빨리 뛰어갔다. 스핀은 집에 도착해서 초인종을 눌렀다.

스핀 엄마! 양자 색으로 물든 이 머리 좀 봐요!

엄마가 스핀의 머리를 쳐다보자마자 금세 금발로 바뀌고 말았다.

엄마 그게 무슨 양자 색이니? 금발 그대로잖아. 그것도 지나치게 심한 금발인데!

그 시각에 스판 역시 갈색 머리가 되었다. 그러나 스판은 여전히 물속에서 숨을 멈추고 있었다.

"나는 잘 모르겠는데."

막스가 이야기했다.

"얽힘과 원거리 유령 작용, 모두 별로 와 닿지 않아!"

"너, 지금 무섭구나!"

"나를 좀 존중해 줄래!"

막스가 아다를 향해 소리 질렀다. 아다가 자꾸 놀리는 탓에 좀 화가 난 표정이었다.

"그렇지만 내 메뚜기 친구, 너무 그렇게 생각하진 마. 원거리 유령 작용은 위대한 과학자인 존 스튜어트 벨과 알랭 아스펙 덕분에 양자물리학을 뛰어넘는 현상으로 이미 증명되었어. 무서워할 것 없다고."

심화 자료 돋보기

아인슈타인 시대에는 얽힘이 진짜인지 거짓인지를, 그리고 **원거리 유령 작용**이 실제로 존재하는지 여부를 실험적으로 증명할 수 있는 방법을 몰랐다. 그러던 것이 1964년 아일랜드의 과학자인 **존 스튜어트 벨**이 이를 증명할 수 있는 혁명적인 실험 방법을 고안했다. 다만 유일한 문제는…… 그 시대에는 이 실험을 수행할 기술력이 확보되지 않았다는 것이다. 이런!

그러나 1982년에 드디어 '벨'이 울렸다. 아주 재미있게 생긴 콧수염을 한 프랑스의 물리학자 알랭 아스펙이 처음으로 얽힘이 실제로 존재한다는 사실을 실험으로 보여 주었다. '벨'이라고 불린 이 실험은 오늘날에도 계속되면서 점점 더 정교해지고 있다. 얽혀 있는 시스템의 일부를 측정하는 행위는 실제로 그것이 어디에 있든 간에 상관없이 전체 시스템에 영향을 미친다는 것을 증명해 주고 있다. **원거리 유령 작용은 실제로 존재하며, 과학적으로 이미 증명되었다.**

"뿐만 아니라 양자 얽힘은 엄청나게 많은 분야에서 응용되고 있어. 예를 들자면……. 그런데 거기 누구야?"

언제나 그렇듯이 모르티메르는 어디서 나타났는지 모르게 조용하게 모습을 드러냈다. 아저씨가 달려가 얼른 고양이를 팔에 안으며 애교를 부렸다. 마치 슈퍼스타라도 만난 듯이.

"양자 컴퓨터에도 응용하고 있잖아요. 이제 막 문을 두드리기 시작한 분야이긴 한데……."

막스가 이야기했다.

"그렇지만 그건 유령과는 상관없어요."

그러자 아저씨가 막스의 말을 받았다.

"너 정말 많이 아는구나!"

실제 미래의 컴퓨터는 얽힘을 이용한 양자 컴퓨터로 넘어가고 있다.

양자론이 주는 주의 사항

오늘날의 컴퓨터가 일을 처리하는 데 많은 시간이 걸리는 이유는 다양하다. 중첩과 얽힘을 이용하면 일 처리 시간을 좀 더 단축할 수 있다. 이런 컴퓨터가 이미 존재한다! 바로 **양자 컴퓨터**이다!

그렇지만 좀 진정해야 하는데, 전자 제품 가게에 가서 양자 컴퓨터를 주문하진 말길. 아직 시장에 나오진 않았으니까. 양자 컴퓨터를 만드는 데 가장 어려운 문제는, 주변과의 상호 작용으로부터 완전한 고립을 유지해야 한다는 것이다. 양자 적인 작동을 구현하기 위해서 필요한 중첩과 얽힘이 사라져 버릴 수 있기 때문이다. 현재 양자 컴퓨터는 아주 극저온 상태에서 즉 -270℃ 상태에 있어야 하기 때문에 실험실에서만 존재한다. 북극도 그렇게까지 춥지 않기 때문에 양자

웜홀
79쪽으로

비디오게임을 하려면 펭귄에게 둘러싸여 있는 모습을 상상해야만 할 거야! 학자와 기술자들이 힘을 모아 좀 더 따뜻한 미래의 양자 컴퓨터를 개발하기 위해 노력하고 있다.

원더 트윈스 : 스핀과 스판, 시험 문제

스핀과 스판, 원더 트윈스는 언제나 모든 시험에서 똑같은, 정말 똑같은 성적을 받는다. 전설에 따르면 마치 한 사람인 양 행동할 수 있는 텔레파시를 이용한다고 전해진다.

바로 이것이 여기서 던지고 싶은 질문이다. 이 둘이 다니고 있는 3단계 과정에서 보는 시험은 우리가 알고 있는 일반적인 형태이다. 각각의 문제에는 두 가지 답안, 즉 '그렇다'와 '아니다'만 있다. 교수들은 두 가지 유형의 시험을 출제한다. 하나는 A그룹용, 또 다른 하나는 B그룹용이다. A그룹 시험에서 문제의 답이 '그렇다'라고 한다면, B그룹에서는 똑같은 문제의 답이 '아니다'가 된다. 반대의 경우도 마찬가지이다. 만일 한 그룹이 다른 그룹보다 먼저 시험을 보면 답지가 지워져 버린다. 따라서 문제에 대한 답을 서로 알려 주지 못하도록 서로 다른 교실에서 시험을 동시에 봐야 한다.

원더 트윈스도 서로 떨어져 시험을 보았다. 한 명은 A그룹에서 또 다른 한 명은 B그룹에서 시험을 치렀다. 그럼에도 불구하고 여전히 똑같은 성적을 받았다. 아마 하나가 '그렇다'라고 답하면 다른 하나가 '아니다'라고 답을 했을 것이다. 반대의 경우도 마찬가지였고, 예외는 없었다. 교수들은 쌍둥이가 서로 베꼈다고 판단했고, 이들과 같은 교실에 있던 학생들 역시 똑같은 생각이었다. 그러나 아무도 이 둘이 어떻게 했는지는 모른다. 학교에서 일어나는 일이라면 언제나 모든 것을 다 아는 수위 아저씨도 까맣게 몰랐다.

이에 대해 세 가지 이론이 있다:

A이론 : 쌍둥이가 이미 시험 문제를 알고 있었을지도 모른다. 이런 사태를 미연에 방지하려고 교수들은 자기들만 아는 확실한 보안 대책으로 어벤져스 작전을 채택했다. 아무도 시험 시간 이전에 문제지를 보지 못하게 말이다.

B이론 : 쌍둥이가 비밀 휴대폰으로 답을 주고받았을 것이다. 즉 초소형폰이나 이와 유사한 것을 몰래 감춰 들어와 사용했을 수 있다. 물론 교수들은 시험을 볼 때마다 이런 장비를 찾으려고 소지품 검사를 한다.

C이론 : (아무도 이를 받아들이려 하지 않지만) 원더 트윈스는 양자 얽힘 능력을 가지고 있다. 그래서 원거리 유령 작용을 이용하여 동시적

으로 답을 주고받았을 것이다. 몸은 둘이지만 하나인 사람과 같다. 그러나 모두 이것은 불가능하다고 믿는다. 그렇지만 만약 가능하다면? 이것이 바로 그들에 대한 전설의 일부이다.

스핀 & 스판

"그렇다면 아저씨. 얽힘이 실제로 증명되었다면, 그리고 그것을 컴퓨터 등에서 사용하고 있다면, 예를 들어 살아 있는 생물과 같이 입자보다 훨씬 더 큰 것 사이에서도 얽힘의 양자 효과를 관찰할 수 있을까요? 그리고 모르티메르도 양자적이어서 얽히거나 순간 이동이 가능할까요? 또 붕괴도……."

아다가 질문을 던졌다.

"좋은 질문이야. 사랑하는 여성 과학자 동지! 살아 있는 생물 전체가 양자 효과를 보여 준다는 것은 상당히 어려운 일이야. 양자 시스템은 모르티메르처럼 털이 있고, 둥글둥글하고, 예쁜 주둥이도 있는, 그리고 가장 중요한 것인데, 사랑스럽고 앙증맞은 동물에겐 안 맞거든."

아저씨는 모르티메르의 배를 살살 긁어 가르랑거리는 소리를 내게 했다. 고양이 역시 아저씨의 애교에 헤어볼을 토해 내는 일상의 방법으로 답했다.

"어휴, 메스꺼워! 아저씨는 고양이가 이런 짓을 해도 짜증 나지 않아요?"

아저씨는 새 셔츠에 묻은 고양이의 헤어볼을 털어 내려고 잠시 모르티메르를 바닥에 내려놓았다. 셔츠에서 불확정성의 원리 공식을 읽어 낼 수 있었다.

"이렇게 매력 덩어리인 모르티메르에게 어떻게 화를 낼 수 있겠니? 내가 너에게 해 줄 수 있는 말은 **양자 시스템은 전자와 원자 혹은 다양한 원자 그룹의 세계라는 거야. 절대로 고양이는 아니야.**"

양자론이 주는 주의 사항

여러 나라의 많은 연구 팀은 **이미 극초저온과 자기장 등등의 다양한 방법을 사용하여 수백만 개의 원자 시스템을 얽는**

데 성공했다. 하지만 냉동고 안에 자석을 넣는다고 해서 완두콩을 초콜릿 아이스크림과 함께 얽을 수는 없다. 초콜릿 맛을 내는 양자 채소 요리는 잊어버리길!

그래서 드디어 인간은 다음과 같은 의심을 하기에 이르렀다. 살아 있는 생명체가 가진 기능 중에서 양자로서의 속성을 이용하는 것이 있을까?

아다 분명히 있을 거야. 우리는 살아 있는 생물의 양자적 속성을 볼 수 있어. 모르티메르가 이중성을 띤 것, 중첩되는 것, 순간 이동하는 것 모두 여기에 해당돼.

막스 아니야. 양자물리학의 속성은 입자와 같은 아주 작은 사물에서만 관찰할 수 있어.

심화 자료 돋보기

중첩을 이용하여 살아 있는 조직이 **광합성**을 할 때 보여 주는 극한의 효용성을 설명할 수 있다. 너도 이미 알고 있듯이, 광합성이란 식물이나 박테리아가 태양 에너지를 화학 에너지로 변환시키는 과정을 말한다. 2013년 로도슈도모나스 아시도필리아 박테리아의 엽록소들 사이에서 얽힘을 발견했다. 입에 빵을 물고 이름을 한번 발음해 보렴. 쉽지 않을걸.

여기가 끝이 아니다! 스칸디나비아에서 아프리카의 대평원까지 7,000km를 이동하는 유럽 울새는 지구 자기장을 이용하여 방향을 잡는다. 눈에 있는 분자에 내재된 전자들 사이에서 일어나는 얽힘을 이용하는 것이다. 다시 말해 **양자적인 시력을 가지고 있다**고 할 수 있다.

시그마 양자생물학이라는 이름으로 알려진 새로운 연구 분야가 뜨고 있다는 것을 잘 알겠지! 살아 있는 생명체에서 일어나는 양자적인 프로세스를 연구하는 거지. 정말이지 한계를 설정할 수 없는 거야.

이야기를 나누는 동안 정원에서 고양이가 마치 유령을 본 것처럼 격하게 우는 소리가 들려왔다. 셋은 자리에서 일어나 빛과 같은 속도로 아다의 모자 위에 앉아 있는 헬로키티 상태의 모르티메르를 잡으러 나갔다.

"망할 놈의 고양이! 거기에서 내려와!"

모자를 집으며 아다가 소리쳤다. 그리고 휴대폰을 집어 들었다.

"아아아안 돼! 망했다!"

"무슨 일이야?"

막스와 시그마 아저씨가 서로 얽혀서 한 사람이 된 것처럼 물어보았다.

"모르티메르가 네 모자 위에 헤어볼을 토해 놨니?"

"아니요. 시간이요. 너무 늦었어요! 닭싸움에 가기로 했는데, 벌써 시작할 시간이 됐거든요. 지금이야말로 순간 이동을 할 수 있으면 좋겠어요."

"닭싸움? 너는 닭들이 불쌍하다는 생각 안 해 봤어?"

"그게 아니에요! 랩 음악으로 싸우는 거예요."

"그렇다면 내가 데려다 주마."

시그마 아저씨가 제안했다.

"그렇지만 차를 타고 가야 해. 네가 진짜 순간 이동을 원한다고는 생각하지 않거든."

"어째서 그렇게 생각하시는데요?"

아다와 막스가 동시에 반문했다.

"뭐가 문젠데요? 순간 이동을 한다면 정말 멋질 것 같은데! 아저씨의 땅딸보 차보다는 훨씬 더 빠를 테고요."

"내 멋진, 인체 공학적인 **중성미자**(전기적으로 중성이며 질량이 0에 가까운, 경입자족에 속하는 소립자) 차로 가자!"

아다는 친구들에게 기다려 달라고 문자를 보냈다. 막스는 집에다 모르티메르를 내려놓은 다음 문단속을 단단히 했다. 그러고는 시그마 아저씨 차에 올라 인터넷에서 래퍼들의 닭싸움에 대해 찾아보았다. 시그마 아저씨는 세 번 시도 끝에 겨우 차에 시동을 걸었다.

"그런데 아저씨, 우리가 왜 순간 이동을 원치 않을 거라고 말씀하셨는지 그 이유를 좀 얘기해 주세요. 이런 거추장스러운 고물차를 타고 휘발유를 태우며 가는 것보다는 순간 이동이 훨씬 좋은 거 아니에요?"

차 안에서는 고전에 가까운 스페인의 여름 노래가 흘러나오기 시작했다. 〈달팽이 수프〉, 〈상어〉, 〈고릴라의 춤〉 등등.

"누군가를 순간 이동시킨다는 것은 분자나 원자로 된 정보나 에너지 등을 운반하는 것과 똑같아. 이를테면 하나의 정보를 다른 장소에 복사해 놓는 거지. 〈스타트렉〉을 보는 것 같지 않니?"

"손을 이런 식으로 벌리는 것 말이죠?"

막스는 손바닥은 펴고 다섯 손가락을 두 개씩 붙여 중지와 약지로 V 자를 그리며 〈스타트렉〉에 나오는 벌칸족의 인사법인 벌칸 살루트 흉내를 냈다.

"스폭 인사법이네. 〈스타트렉〉 시리즈에서는 등장인물이 한 장소에서 사라져 다른 장소에 나타나곤 하잖아. 그렇지만 순간 이동이 꼭 그런 것만은 아니야. 언젠가 순간 이동이 가능해지더라도, 우리가 할 수 있는 것은 정보를 다른 장소로 원거리 순간 이동을 시키는 거야. 그리고 이때 가장 중요한 것은 그곳에서 원본을 재현하는데 필요한 핵심 물질을 가지고 있어야 한다는 거지. **클론을 다시 만드는 것과 비슷해.** 왜냐하면 어디론가 순간 이동시키기 위해서는 원 객체의 정보를 읽어, 순간적으로 객체를 대체하는 것이거든. 그래서 원본은 아닌 거야."

"송출 과정에서 정보가 유실되면 어떻게 돼요?"

"너희도 스스로 생각해 볼 수 있잖아. 아~~~안녀엉! 사요나라!"

"맙소사. 좀 으스스하네."

막스가 인상을 썼다.

"그런데 순간 이동은 성공했어요?"

이번엔 겁을 먹은 듯이 낮은 목소리로 물었다.

"그래, 순간 이동은 이미 성공했어. 비록 지금은 아주 작은 것만 가능하지만."

양자론이 주는 주의 사항

순간 이동은 얽힘 덕분에 가능하다. 입자를 스페인의 마드리드에서 인도차이나로 보내려면 가장 먼저 얽혀 있는 입자 한 쌍을 준비해야 한다. 하나는 마드리드에 그리고 또 다른 하나는 인도차이나에.

저비용 실험

다섯 단계로 나눠 본 입자의 양자 순간 이동

순간 이동 실험은 무척 어렵다. 그럼에도 시도해 보겠다면 종이, 가위 그리고 끈적끈적한 양초로 그린 그림이 필요하다.

1단계 : 엷은 사각형 종이에 끈적끈적한 양초로 순간 이동 시키고 싶은 입자 S를 그린다.

2단계 : 지금부터는 앞의 입자 S와는 다른 두 개의 입자를 서로 얽는 과정이다.

먼저 종이를 두 개의 사각형으로 자른다. 그러면 두 개의 얽혀 있는 입자를 얻을 수 있다.

우리는 이것을 입자 E1과 E2라고 부르기로 하자. 여기에서 E는 얽힘(entanglement)의 첫 철자이다.

기억해 두자!

입자를 얽기 위한 기술은 다양하다. 그렇지만 그 어떤 방법도 쉽지는 않다. 집에서 하는 이 간단한 실험에서는 서로 연결되어 있는 두 입자를 분리하는 행위가 곧 두 입자를 얽히게 한다고 생각하자.

3단계 : 입자 S를 순간 이동시키고자 하는 곳으로, 얽혀 있는 입자 중에서 하나를 먼저 보내자. 얽혀 있는 사각형 중에서 하나, 즉 E2 입자를 집어 든다. 그리고 입자 S를 순간 이동시키고 싶은 곳으로 가져간다. 예를 들어 입자를 5층에 살고 있는 너의 이웃집으로 가져가면 될 것이다. 5층으로의 순간 이동을 구현해 보자.

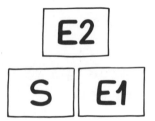

4단계 : 입자 ㅅ를 가까이 있는 얽혀 있는 입자와 다시 얽히게 만든다. 입자 ㅅ를 입자 E1과 얽히게 만들면 된다. 이젠 입자들을 서로 문지르면 얽히게 할 수 있다고 생각하자. 이를 위해 입자 ㅅ를 집어 입자 E1과 잘 문지른다. 정확하게 입자 ㅅ라고 쓰인 면과 문지르는데, 만약 끈적끈적한 양초를 이용하여 입자 ㅅ를 그렸다면 이젠 두 입자, 즉 E1과 ㅅ에 글자 ㅅ가 엉망으로 쓰여 있을 것이다. 자, 그럼 이제 얽혀졌다.

양자의 마술 : E1과 E2 입자들이 얽혀졌기 때문에, E1 입자의 변화(얼룩이 나타날 것이다)와 동시에 입자 E2에서 얼룩이 나타나게 된다. 이것은 얽힘 혹은 원거리 유령 작용의 결과이다. E2에서 나타나는 얼룩의 형태는 E1에서의 얼룩 형태에 달려 있다.

5단계 : 이제 획득한 얽힘을 관찰해 보자. 문지른 다음에 어떤 스타일의 얼룩이 입자 ㅅ와 E1에서 나타나는지 잘 살펴보자. 휴대폰으로 5층에 사는 이웃에게 전화를 걸어 보자. 그리고 너의 입자 E1에서 나타난 얼룩과 똑같은 얼룩이 E2에서도 생겼는지 물어보자. 네가 E1에 만든 얼룩과 똑같은 얼룩이 입자 E2에 만들어졌다면, **입자 ㅅ의 순간 이동이 완성된 것이다!**

기억해 두자!

순간 이동에서 가장 중요한 것은 두 개의 얽힘을 구현하는 것이다. **만일 얽힘이 없다면 양자 순간 이동도 없다.**

이 실험이 잘되지 않았다면……. 자, 진정하자. 그게 정상이다. 우리가 이용한 것이 입자가 아니라 엷은 종이라는 사실을 기억하자. 만약 네가 이 실험에서 E2 입자에서 입자 S가 나타나는 데 성공했다면, 즉시 가까운 연구소로 달려가라. 그렇다고 해도 그곳에서 실험을 다시 반복해야 할 테지만.

양자론이 주는 주의 사항

만일 입자 S, E1 그리고 E2가 실제로 양자라면 얼룩은 특정한 형태를 띨 수밖에 없다. 이것은 실제 양자 순간 이동이 네가 방금 했던 실험보다는 좀 더 복잡 미묘하다는 것을 의미한다. 그러나 과학은 계속해서 발전하고 있고, 언젠가 우리도 순간 이동을 할 수 있을 것이다. 불가능할지도 모르지만…….

순간 이동, 사실일까?

누가 순간 이동을 싫어하겠어? 한곳에서 다른 곳으로 중간에 놓인 공간을 달릴 필요 없이 순간적으로 이동한다는 것은 정말 믿을 수 없는 일이야.

순간 이동으로 여행을 한다고 상상해 보자.

에펠탑을 보러 프랑스 파리에 갈 수도, 이집트에 있는 피라미드 안으로 들어가 볼 수도, 브라질의 아마존을 순식간에 탐험할 수도 있어.

여행뿐만이 아니라 다른 데에도 아주 유용하게 활용할 수 있지. 네가 볼일이 굉장히 급할 때, 가까운 데 화장실이 없다면 어떻게 될까? 늦잠을 자고 순간 이동으로 학교에 갈 수 있다면, 어때?

네가 신기해할 거라는 데에는 의심의 여지가 없어. 그런데 벌써 순간 이동에 대한 연구가 진행되고 있다고? 진짜 순간 이동을 진지하게 연구하는 과학자가 있을까?

물론이야. 뿐만 아니라 과학자들은 이미 다양한 형태의 입자를 순간 이동시키는 데 성공했어. **역사적인 이정표가 된 첫 번째 순간 이동은 1997년 실현되었어. 순간 이동에 선택된 것은 광자, 즉 빛의 입자였어.**

우리는 빛의 광자로 만들어져 있는 것이 아니라, 다양한 물질의 원자로 만들어져 있어. 그래서 가장 좋은 방법은 물질을 순간 이동 시키는 것인데, 이것은 훨씬 더 어려워. 그러나 이 역시도 성공했어. **7년 이상이 걸린 2004년 드디어 물질의 순간 이동이 현실이 되었어.** 이번 순간 이동에 선택된 행운아는 베릴륨 원자였어.

그렇다면 **사람의 순간 이동**은 언제쯤 가능할까?

어휴! 이것은 훨씬 더 복잡한 문제야. 왜냐하면 우리는 엄청나게 많은 입자로, 수조 수천조도 넘는 입자로 이루어져 있기 때문이지. 뿐만 아니라 입자들이 서로 독립적인 것이 아니라 서로 상호 작용을 하고 있어서 더욱더 어려운 문제야. **난제 중의 난제!**

그러나 누가 알겠어? 수세기 전에만 하더라도 인간이 달을 밟을 수 있을 거라고 생각한 사람은 단 한 명도 없었어. 마찬가지로 언젠가 한 젊은 과학자가 순간 이동을 가능하게 할 중요한 열쇠를 발견할지도, 그리고 그 사람이 바로 너일지도 몰라. 번득이는 머리를 가진 인재가 새롭게 등장하고 수많은 연구가 이루어진다면 우리의 고손자 대에선 몸이 피곤을 느낄 때 침대로 순간 이동할 수 있지 않을까?

이야기가 어느 정도 마무리되자 닭싸움장에 도착할 때까진 모두 입을 다물었다. 아다는 아직도 갈 길이 너무 멀다고 생각했다. 그래서인지 엉금엉금 기어가는 아저씨의 자동차가 통조림 깡통으로 만든 게 아닐까 하는 의심이 들었다. 지금이라도 순간 이동을 발명했으면……. 그렇다면 절대로 늦는 일이 없을 텐데. 아저씨는 옆에 앉은 막스가 실패한 순간 이동을 상상하며 몸을 떨고 있다는 것을 알아챘다.

"야아아옹!"

갑자기 고양이 울음소리가 차 안을 가득 메웠다.

셋은 몸서리를 치며 시동을 끄고 차에서 내렸다. 조금 놀란 얼굴로 자동차 지붕에 앉은 모르티메르는 그들을 적지 않게 놀래 주었다.

양자론 테스트

얽힘으로 인해 힘들었나요?

1. 아침에 눈을 뜬 다음엔?

　a. 방 안을 바라본다. 그리고 다시 눈을 감을 때까지 계속 방 안을 바라본다.

　b. 힐끗 방 안을 바라본다. 그러나 이어지는 행동에서 넌 이미 공상 과학 드라마 〈스타트렉〉의 우주연합함선인 엔터프라이즈호에 승선해 있다. 그리고 네 방과 엔터프라이즈호를 이런 식으로 쉬지 않고 오간다.

　c. 아무것도 보이지 않는다. 왜냐하면 눈이 없으니까.

2. 샤워를 하기 전에 욕실의 거울을 바라본다. 이때 무엇을 보게 될까?

　a. 눈곱이 낀 졸린 네 얼굴.

　b. 네 얼굴과 네 가장 친한 친구의 얼굴을 번갈아 가며 볼 수 있다.

　c. 얼굴이 없는 네 모습.

3. 친구와 함께 길을 걷고 있다. 그런데……

　a. 친구 곁을 함께 걸으며 조용조용하게 대화를 나눈다.

　b. 친구는 다리로 걷는 데 반해 너는 손으로 걷고 싶다는 충동을 느낀다. 만일 친구가 물구나무서기를 하면 너는

부지불식간에 벌떡 일어선다.

c. 길이 뭐야?

4. 수학 시험지를 돌려받았을 때…….

a. 10점 만점! 정말 훌륭해! 곧 세상을 정복할 거야!

b. 6, 4, 6, 4……. 경계에 섰네!

c. 빵점이로구나!

대부분 a라고 대답한 경우 : 네 인생의 전환점을 어디에 설정할지 계획을 세울 필요가 있을 것이다. 너의 입자들 가운데 그 어떤 것도 다른 사람들과 얽혀 있는 것 같지 않다.

대부분 b라고 대답한 경우 : 너는 친구와 얽혀 고생하고 있다. 네가 경험한 모든 것을 노트에 적은 다음, 지금부터 몇 년 동안은 오로지 노벨상 수상만 생각하며 열심히 준비해라. 최소한 자기 계발서는 쓸 수 있을 것이다. 예를 들어 《이웃을 놀래 주지 않고 집에 들어가는 법》 같은 책 말이다.

대부분 c라고 대답한 경우 : 물리학 법칙은 절대로 너와 함께하지 않을 것이다. 네가 살아 있는 생명체 혹은 입자가 될 가능성은 제로. 그러니 조금씩이라도 물리학 법칙을 맛본 다음 네가 가장 되고 싶은 것을 결정해!

CHAPTER 6

터널 효과

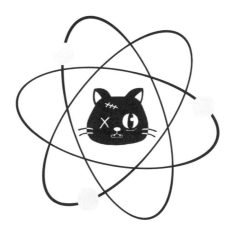

펑! 아이쿠! 쨍그랑!

요란한 소리에 책상 앞에 앉아 있던 막스는 하던 일을 멈추고 컴퓨터를 끈 다음 아래층으로 내려갔다. 곧장 부엌으로 가는데, 코끼리가 아코디언 공장을 뒤뚱거리며 가로질러 가는 듯한 소리가 들려왔다.

아다가 부엌 한가운데 서 있었다. 이모가 가장 좋아하는 그릇이 바닥에 산산조각 난 채 나뒹굴고 있었고, 설거지통에는 스케이트

보드가 처박혀 있었다. 뿐만 아니었다. 버터는 녹아서 엉망이었고, 우유와 달걀도 냉장고 밖에 나와 있었으며, 전자레인지는 최강으로 돌아가면서 전기 폭풍이 일듯이 불꽃을 튀겼다.

"어휴, 행운을 가져다주는 고양이야! 대체 어디 있니? 부엌에 들어가는 걸 봤는데 보이지 않아. 사라져 버렸어."

"너 말이야. 고양이를 찾으려고 부엌을 빙상 경기장처럼 쓴 거야? 이렇게 엉망으로 만들면서까지."

아다는 정신이 없었다.

"고양이 소리가 주방 가구 안에서 났단 말이야. 그런데 열어 보니까 이미 사라지고 없었어. 벽을 뚫고 나갔나 봐!"

"그건 불가능한 일이야. 너도 잘 알잖아."

"아냐! 그렇지 않아. 모르티메르는 양자 고양이야. 시그마 아저씨가 우리에게 이야기했던 **터널 효과** 잘 생각해 봐. 양자 능력으로 그 고양이가 벽을 뚫고 나갈 수 있는 확률도 분명 있긴 하잖아."

"아니라니까! 제발 황당한 이야기 좀 그만해. 모르티메르에겐 그런 능력이 없어. 작은 입자만이 벽을 뚫고 나갈 수 있다고. 고양이는 수백억 수천억 수조 개의 입자를 가지고 있단 말이야. 아무데도 뚫고 지나갈 수 없어."

막스가 단호하게 잘라 말했다.

아다는 이해가 안 된다는 듯 멍한 얼굴로 막스를 바라보았다. 막스는 〈언젠간 인류를 구원할 멋진 아이디어〉 노트에 대략 그림을 그려 아다에게 보여 주었다.

"고전역학에 따르면 너와 나, 그리고 모르티메르 그 누구도 장벽을 뚫을 수 없어. 그렇지만 양자역학에 따르면 이와는 반대로 입자는 파동으로서의 성질이 있어서 이런 장벽도 뚫고 지나갈 수 있지. 다시 말해서 이 장벽 밖에 있는 입자를 발견할 수 있는 아주 작은 가능성이 존재하는 거야."

"아이고, 머리야."

아다는 머리칼을 움켜쥐며 내뱉었다.

"고양이는 지금 확률이 있는 양자로서의 역할을 맡고 있어! 즉 입자가 여기에 있을 수도 있고 저기에 있을 확률도 있다는 것은, 우리가 여기 있는지 저기 있는지 말할 수 없는 것과 똑같아. 지금 이 순간 바하마에 있을 아주 작은 확률이 있다고 하는 것처럼 말이야. 그러나 이건 아니야. 내가 가장 좋아하는 스웨터를 엉망으로 만들면서까지 부엌에서 찾고 있는 것은 황당한 고양이라고. **여기에서 확률은 정말 말도 안 돼!**"

막스는 고개를 저었다.

"아아아니야! 비행기도 타지 않은 네가 바하마에 있을 확률은 제로야. **보편적으로 양자 효과는 아주 작은 시스템에서만 볼 수 있다고.** 가끔은 네가 샤키라처럼 춤을 춘다는 생각도 하고 네가 굉장히

율동적이라는 생각도 하지만, 그렇다고 이것이 네가 갑자기 바하
마에 나타날 확률을 높인다고는 생각하지 않아."

기억해 두자!

양자 수준에서는 입자들의 움직임이 파동처럼 서술된다.
그리고 이는 가끔 입자가 **물리적인 장벽을 뚫고 지나갈 아주
작은 확률을 가질 수 있다는 것을** 의미한다. 다시 말해 장벽
을 뚫고 지나갈 확률은 아주 작긴 하지만 분명히 존재한다.

닭싸움 : 고전 모르티메르 대 양자 모르티메르
누가 이길까?

터널 효과

이제 잘 이해했을 테니까 어리바리한 얼굴 좀 그만해. **입자는 장벽을 뚫을 수 있는데, 그건 터널 효과라고 부르는 현상 덕분이야.**

장벽을 뚫고 지나갈 충분한 에너지가 부족한데도 지나갔다면 그건 터널 효과 덕이야. FIFA 규정에 맞는 축구공을 벽에다 찼다고 해 보자. 어떤 일이 일어날까?

분명한 것은 **어떤 종류의 벽이냐에 따라, 그리고 네가 공을 찬 강도에 따라 결과가 달라질 거야.** 종이로 된 일본식 벽이라면, 그리고 네가 강한 의지를 가지고 공을 찼다면, 벽은 쉽게 뚫릴 거야(벽을 부숴 버렸겠지). 그러나 벽이 단단한 콘크리트로 되어 있고, 네가 슈퍼맨도 아니라면 아무리 전력으로 슛을 해도 공은 팅겨져 나올 테지. 혹시라도 팅겨져 나온 공에 코뼈가 부러지지 않게 조심해!

여기서 첫 번째 경우는 공의 에너지가 벽을 뚫는 데 필요한 에너지 이상인데, 두 번째 경우엔 이와 반대로 공이 벽을 뚫는 데 필요한 에너지가 부족해. 비록 네가 아무리 열심히 반복적으로 시도하더라도 공은 계속해서 팅겨져 나올 거야.

이제는 **초소형 세계를 한번 여행해 보자.** 아주 작은 캡슐을 골라 그것을 티끌보다도 더 작게, 크기를 정말 작게 줄였다고, 그래서 너도 올챙이보다 더 작아졌다고 상상해 보자. 그런 다음 다시 실험해 보자. 이번에는 네 공이 전자라고 하고, 전자 에너지보다 더 큰 에너지로 벽을 향해 발사했다고 하자(콘크리트 벽에다 찬 것과 같다). 자, 생각해 보자! 전자가 공을 찼을 때와 똑같이 튕겨져 나올까? 만약 그렇다면 네가 예측한 것이 맞다! 대부분은 그렇게 될 거야.

전자는 우리가 보편적으로 접하는 다른 것과는 전혀 다르게 파동과 입자 두 가지 성질을 다 가지고 있어서 고전적인 법칙에 따라서만 움직이지는 않아. 전자로 여러 번 슛을 한다면, 벽을 뚫는 데 필요한 에너지에 도달하지 못하더라도 가끔은 벽을 뚫고 지나가기도 하지.

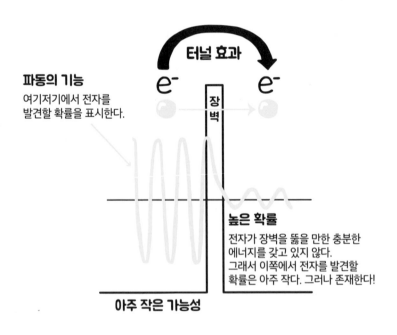

터널 효과

e⁻ → e⁻

장벽

파동의 기능
여기저기에서 전자를
발견할 확률을 표시한다.

높은 확률
전자가 장벽을 뚫을 만한 충분한
에너지를 갖고 있지 않다.
그래서 이쪽에서 전자를 발견할
확률은 아주 작다. 그러나 존재한다!

아주 작은 가능성

양자물리학은 그것을 다음과 같이 설명해. 우리가 전자로 슛을 하면, **파동 확률**은 전자를 어떤 특정 장소에서, 즉 장벽 안쪽이나 바깥쪽에서 발견할 가능성과 서로 연결되어, 흩어지게 돼.

장벽에 도달했을 때, 파동 확률 대부분은 팅겨져 나오는 쪽이야. 그러나 아주 작은 확률은 뚫고 지나는 쪽에 서겠지. 다시 말해서 벽 저쪽에서 전자를 볼 아주 작은 가능성이 존재해. 그러므로 실험을 수없이 반복한다면 가끔씩 전자는 벽을 뚫고 지나갈 거야.

"막스, 정말 놀랍다!"

아다는 상당히 홍분한 모습이었다.

"만일 입자들이 에너지 장벽을 뛰어넘을 수 있다면 막을 수 없잖아. 입자들은 지나가고 싶으면 지나갈 수도 있고. 특정 규범이 없는 경계에 살고 있으니까, 모르티메르처럼 하고 싶은 걸 할 수 있다고."

"아다, 정확하게 말해서 꼭 그런 것은 아니야. **터널 효과는 분명 장벽을 뚫을 수 있게 해 줘. 하지만 장벽이 아주 약할 때만 가능해.** 만약 장벽이 점점 더 강해지면 입자가 장벽 저쪽에 있을 확률은 점점 더 작아지는 거야. 거의 제로에 가까워질 정도로 말이야."

"입자들까지도 규범이 있다니! 근데 질문이 하나 있어. 아주 아주 아주 작은 것이, 다시 말해서 입자만이 터널 효과를 가지고 장벽을 뚫고 지나갈 수 있다면, 터널 효과가 있다는 것을 어떻게 확신할 수 있지? 입자는 보이지 않는데."

"우리 눈은 입자를 볼 수 없어. 보면 좋을 텐데. 그러나 효과를 측정할 수는 있지. 예를 들어 **방사능**의 터널 효과처럼 말이야."

방사능 현상의 일부분은 터널 효과에 의해 원자핵에서 탈출한 입자 때문에 일어나는 거라는 것 너도 잘 알고 있잖아.

아다 허세 그만 부려! 나도 알아. 이 고양 이는 우라늄으로부터 나오는 방사 선을 쏘였어. 이미 네게 말했지만, 고양이는 분명 부엌 가구 안에 있다 가 빠져나갔어.

양자론이 주는 주의 사항

아다는 뭔가 엄청나게 속고 있다. 어떤 종류의 방사능은 터널 효과에 의해 만들어진다. 그러나 네가 방사선을 쏘인다고 해서 터널 효과가 주는 힘을 얻을 수 있다는 얘긴 아니다. 절대로 방사선을 맞으면 안 돼! 너는 헐크가 아니니까!

양자론적 질문 : 방사능은 어디에서 나올까?

핵은 아주 작은 입자들로 구성되어 있어. 양성자와 중성자. 양성자와 중성자는 아주 '강한 힘(진지하게 말하는 거야)'이라고 부르는, 무척 강한 상호 작용으로 서로 결합되어 하나의 에너지 장벽을 만들고 있어. 이 장벽은 핵에 위치한 입자들이 계속 결합을 유지할 수 있도록 해 주지. 그리고 장벽이 높기 때문에 중성자와 양성자는 장벽을 뛰어넘을 수 없어.

그러나 몇몇 핵에서는 에너지 장벽이 그다지 높지 않은데 바로 우라늄 핵이 여기에 해당해. 그래, 〈심슨〉에 나오는 호머 심슨이 일하는 핵 센터에서 다루는 것이 바로 우라늄이야.

우라늄에는 '강한 힘' 장벽을 뚫을 수 있는 양성자와 중성자가 있어. 어떤 식으로 뚫는지 알겠니? **터널 효과에 의해 파동으로서의 속성 덕분에 이 장벽을 뚫고 지나가는 거야.**

심화 자료 돋보기

방사능은 〈심슨〉에 나오는 심슨 가족이 보여 주듯이 근사한 건 아니다. 잘난 체하는 것처럼 보이게 하려고 그런 식으로 묘사한 것뿐이다.

주목

방사능 핵을 방출할 수 있는 세 종류의 입자가 있어. 알파 입자와 베타 입자, 그리고 감마 입자가 바로 그것이지. 이런 식으로 부르는 이유는 그것을 발견했을 때 그것이 무엇인지에 대해 아무 생각이 없었기 때문이야. 알파 입자는 두 개의 양성자와 두 개의 중성자(헬륨 원자핵)이고, 베타 입자는 전자이고, 감마 입자는 광자야.

방사성 원소를 방출하는 알파 방사선은 터널 효과 때문이지.

양자물리학에 따르면 알파 입자가 어떤 순간에 핵 밖에 있을 아주 작은 확률이 존재하는데, 시간이 지남에 따라 핵 밖에서 이 입자를 관찰할 확률은 점점 증가해.

뿐만 아니라 핵 밖에서 알파 입자를 관찰할 가능성이 50퍼센트 정도까지 갈 때 걸리는 시간을 계산할 수 있어. 이 시간을 우리는 **반감기**라고 불러. 어느 정도의 크기를 가진 순수한 방사성 물질은 반감기가 지나면 그중 절반은 이미 알파 입자를 방출한 것이고, 나머지 절반은 여전히 원래 모습을 유지하고 있다는 얘기야.

알파 방사선은 나쁜 것일까? 알파 방사선은 관통할 수 있는 능력이 거의 없어. 그러므로 죽은 세포로 구성된 우리 인간의 피부 표면층도 이 입자를 막을 수 있어.

이렇게 살아 있는 세포에 도달하지 못하게 잘 막고 있어서 우리 DNA에는 접근하지 못해. 우리가 그것을 먹거나 호흡하지만 않는다면 말이야.

만약, 그럴 경우 우리 몸의 장기에 방사선이 머무르게 되고 아주 심각한 병을, 다시 말해 치명적인 병을 유발할 수 있어.

양자론이 주는 주의 사항

알렉산드르 리트비넨코 독살설에 대해 들어 본 적 있니? 못 들어 봤다고? 인류 역사상 가장 잔인하면서도 오랫동안 머리에 남는 사건 중 하나인데 말이야. 스파이 영화에서나 나올 법한 이야기 같지만 확실하게 실제 있었던 사건이지. 그는 영국 연방의 비밀 정보원으로 일하던 러시아 반체제 인사인데. 러시아 정부에게는 이것이 너무 마음에 들지 않았던 것 같아. 왜냐하면 러시아가 비밀로 묻어 두었던 정보가 영국 연방으로 흘러 들어갈 수도 있기 때문이지. 그래서 그를 암살하기로 마음먹었던 것이 분명해. 방사능으로! 정말 무지막지해! 대화를 통해서 일을 정리했으면 좋았을 텐데, 그렇게 하지 않았어.

러시아 정부는 방사성 동위 원소(원자 번호는 같으나 질량수가 다른 원소)인 폴로늄을 사용했어. 폴로늄은 터널 효과를 가진 알파 입자를 방출하는 원소야. 이 알파 입자들은 만일 입으로 먹거나 흡입하면 치명적이야. 그래서 두 명의 러시아 갱단 단

원들이 방사성 동위 원소인 폴로늄 미량을 리트비넨코의 홍차에 타는 계획을 짰던 거야. 이 독무기로 인해 리트비넨코는 구토와 통증을 일으켰고, 결국 병원에 입원하게 됐지. 굉장히 위중했고 심각한 상태였지만 아무도 그 이유를 알 수 없었어. 증상이 방사능을 이용한 독살 같다는 생각을 들게 하긴 했지만. 이를 증명하기 위해서는 〈감마 분광학(혀가 꼬이지 않도록 세 번 발음해 봐)〉이라고 부르는, 그러니까 감마선을 방출하는 방사성 동위 원소를 찾는 에너지 탐지기를 사용해야만 했어. 그러나 아무것도 찾지 못했지. 그 이유를 알겠니? 그래, 맞아! 갱단 단원들은 몸에서 빠져나가지 못하고 남아 있어야 하는 감마 입자가 아니라, 알파 입자를 방출하는 폴로늄을 차에 타서 독살했어. 그래서 탐지하기가 어려웠던 거야. **탐지가 어렵긴 하지만 폴로늄은 아주 안 좋은 것이거든. 절대로 방사성 원소를 먹으면 안 돼!**

방사선과 초능력자

방사능에 노출됨으로써 초능력자가 된 사람들이 많아. 도대체 그들에게 무슨 일이 일어난 것일까? 마술이라도 부린 걸까? **여기에서 몇몇 방사선 입자가 우리 DNA의 변이를 유발할 수 있다는 걸**

알 수 있어. 만화나 영화에서는 이러한 변이가 초능력을 가진 멋진 사람을 만들어 내기도 하지.

아다 헐크처럼 말이야! 좀 황당하긴 한데, 실험 도중에 감마선에 노출되어 초능력을 갖게 된 초록색 거인 헐크 있잖아.

실제로는 절대로 이런 일이 일어나지 않아. **변이는 DNA에서 일어나는 변화이기 때문에, 절대로 우리를 초능력자로 만들 수 없어.** 결과적으로 방사선에 의한 변이는 우리에게 병을 유발할 가능성만 높이지. 그것도 아주 심각한 병을.

아다 그렇다면 초능력자들은 환자인 셈이네? 이런 사실을 아무도 믿지 않을걸.

막스 그렇지 않아. 다만 이건 방사선에 노출됨으로써 발생하는 실제 효과가 영화 속 초능력자에게서 일어나는 것과 똑같지 않다는 것뿐이지.

아다 그건 방사성 거미한테 침을 쏘이면 스파이더맨으로 변신할 수 있다는 것과 똑같은 이야기잖아? 그리고 양자 고양이가 물면 우리도 고양이처럼 낙법을 할 수 있겠네? 엄청난 시력에 엄청난 민첩성을 가진 슈퍼히어로처럼 말이야.

막스 아니야. 그건 소설 속에서나 나오는 이야기거든.

아다 그래, 현실에선 좀 과대평가되어 있는 것 같아. 더욱이 현실은 양자 세계도 아닌데. 절대로 지붕으로 탈출할 수는 없을 거야.

단 한 번도 본 적 없어 :
핵융합. 우리는 물질을 에너지로 변환시킬 수 있어

융합이 무엇인지 너도 잘 알고 있을 거야. 만화 〈드래곤볼〉에서 수도 없이 봤을 테니까. 저녁 식사에 나온 음식에서 피망을 치우려는데 마카로니에 피망이 융합된 것 많이 봤지? 어때, 짜증 나지? 융합은 손오공과 베지터만 멋지게 만드는 것은 아니야. 피망과 마카로니를 융합하는 것도 괜찮잖아. 물론 원자도 융합을 좋아하지.

좀 더 커다랗고 무거운 핵을 만들기 위해 원자핵은 스스로 융합할 수도 있어. 그러나 물질은 물리학의 도움 없이는 절대로 스스로 움직이지 않아.

만일 네가 핵 A와 핵 B를 융합하면 핵 C를 얻을 수 있어. 논리적으로는 C의 질량은 A와 B를 더한 것과 같아야겠지? 그런데 아니야. C의 질량이 작아지지. 왜냐하면 융합 과정에서 C의 질량 일부가 에너지로 변하기 때문이야.

40킬로그램인 네가 140킬로그램인 안토니오 삼촌하고 융합된다고 상상해 봐. 만일 너와 삼촌의 융합이 핵융합과 똑같이 이루어진다면 융합의 결과물은 180킬로그램이 아니라 170킬로그램이 되는 거야. 그렇다면 10킬로그램은 어떻게 되었을까? 사라져 버린 걸까? 뚱보 고양이로 변해 버린 걸까? 아니야. 다 틀렸어. **사라진 질량은 에너지로 변환되는 거야.**

핵융합 반응이 일어나는 과정에서 발생하는 엄청난 에너지는 아인슈타인의 특수상대성이론으로 설명할 수 있다. 이것은 바로 세상에서 가장 유명하고 아름다운 방정식인 $E=mc^2$ 에 따른다. 다시 말해서 여기에서 만들어지는 에너지는 광속의 제곱과 사라진 질량을 곱한 것과 같다.

만일 10킬로그램의 질량이 에너지로 변한다면, 지구 전체를 파괴하기에 충분한 에너지를 얻을 수 있다! 그렇지만 흥분하진 마.

비록 안토니오 삼촌 같은 사람이 있다고 하더라도 너는 절대로 융합할 수 없다. 융합은 별의 중심부처럼 온도가 아주 높을 때만 가능하다.

우리는 양자물리학 덕분에 별이 어떻게 움직이는지 이해할 수 있어. 우리가 태양으로부터 받는 모든 에너지가 어디에서 나오는지 생각해 본 적이 있니? 한 번쯤은 해 봤어야 해. **우리가 태양으로부터 받는 모든 에너지는 태양 한복판에서 수소 원자핵들이 합해져서 헬륨으로 변하는 융합 반응에 의해 만들어지는 거야.**

두 개의 수소 원자핵이 합해지기 위해서는 많은 에너지를 제공

해야 해. 왜냐하면 서로를 밀어 내는 척력을 이겨 내야만 하거든.

기억해 두자!

원자핵은 양전기를 띠고 있다. 같은 기호의 전하를 띠고 있으면 서로 밀어내기 때문에 둘을 합치기 위해서는 엄청나게 큰 힘이 있어야 한다.

그래서 15억℃(엄청나게 더울 거야) 이상으로 온도를 높여야 해. 그러나 태양의 내부는 1,500만℃밖엔 되지 않는다. 그러면 태양은 어떻게 융합 반응을 일으킬 수 있는 걸까? **바로 터널 효과 덕분이야. 태양은 엄청나게 많은 수소를 가지고 있어서 몇몇 원자핵이 에너지 장벽을 뚫고 지나가, 서로 가까이 다가가 융합할 수 있는 아주 작은 확률이 있어.**

그래서 태양을 볼 때(우리 똑똑한 친구들은 당연히 선글라스를 끼겠지), 활동하고 있는 양자물리학을 보고 있다고 생각하면 돼!

우리 눈에 태양은 비록 작아 보이긴 하지만, 태양의 직경은 지구보다 100배나 더 크다. 부피는 직경의 세제곱에 비례하므로 우리는 태양이 100만 배나 더 크다는 것을 추론할 수 있다. 다른 말로 하면 태양 안에 지구 100만 개가 들어간다는 뜻이다.

"아이고! 이걸 우리가 어떻게 다 치우지?"

아다는 난감한 표정을 지었다.

"우리라고? 엉망으로 만든 건 너야. 네가 청소해야지!"

막스가 짜증을 냈다.

"막스, 네 뒤에!"

"아냐. 또 나를 속이려고. 내가 뒤돌아보면 한 방 먹이려고 그러는 거지. 내가 모를 줄 알고."

"아냐, 막스! 거기 모르티메르가 있어. 봐봐! 스핑크스처럼 앉아 있는걸."

"멍청한 고양이네. 아무것도 없는 곳을 뚫어지게 바라보고 있어."

모르티메르에게 무슨 일이 벌어진 거야?

"분명히 아무것도 없어."

아다도 똑같은 말을 반복했다.

"내 생각엔 이 고양이는 시력도 양자적인가 봐. 터널 효과가 있는 시력을 가지고 있는지도 몰라."

"원자 수준의 시력을 가지고 있다고? 터널 효과 현미경 수준의?"

아무도 시그마 아저씨가 부엌 한가운데 어떻게 나타났는지 알 수 없었다.

"어, 아저씨. 깜짝 놀랐잖아요!"

막스가 무척 놀란 표정으로 말했다.

"여기서 뭐 하세요?"

"아보카도 샌드위치를 만들어 먹으려고. 계획을 세우기 전에는 반드시 필수지방산이 필요하거든."

'아저씨는 허풍쟁이!'

아다는 내심 이런 생각이 들었다.

"아저씨, 마침 여기 왔으니까, 아보카도 껍질 벗기면서 터널 효과 현미경에 대해 이야기 좀 해 주세요."

"아직 그걸 몰랐어? 너희 현대 과학에 너무 뒤처져 있네. 따라잡고 싶으면 더 빨리 뛰어야겠다! 내가 좀 후원해 줄게."

시그마 아저씨가 너에게 과학의 날을 안겨 줄 거야!

터널 효과는 우리가 눈으로는 볼 수 없는 **나노 수준보다 더 작은 것**을 볼 수 있게 해 주었어. 다시 말해서 1미터의 10억분의 1보다 더 작은 것을. **너의 눈으로는 절대 볼 수 없고, 네 사촌의 돋보기로도 어림없지. 이를 보려면 터널 효과 현미경이 필요해.**

심화 자료 돋보기

터널 효과 현미경은 1981년 독일에서 개발되었다. 너무나 혁신적인 발명품이어서 이것을 만든 독일의 물리학자 게르트 비니히와 스위스의 물리학자 하인리히 로러는 1986년 노벨 물리학상을 받았다.

이 현미경으로 우리는 물질 안에 있는 원자를 하나하나 볼 수 있게 되었어. 너는 어떤 원자를 보고 싶니? 초콜릿 아이스크림 안에 들어 있는 것을 보고 싶니? 저스틴 비버의 염색한 머리카락 안에 든 거? 마이클 펠프스의 23개 메달 속에 든 원자? 우리는 뭐든 볼 수 있어!

피 한 방울에는 우리 몸의 세포에 해당하는 산소를 운반하는 수백만 개나 되는 적혈구 외에도 수많은 원소가 담겨 있다는 걸 상상해 보자. 적혈구를 둘러싸고 있으면서 형태를 갖춰 주는 세포막은 주로 지질이라고 부르는 수백만 개의 분자로 이루어져 있는데, 우리는 이걸 터널 효과 현미경으로 볼 수 있어. 현실 세계를 관찰하는 데 상당히 유용한 현미경이지.

고비용 실험

터널 효과 현미경 만들기

터널 효과 현미경을 만들 준비가 다 되었니? 그러면 지금부터 쉿! 어떻게 만드는지 설명해 줄게.

준비물(집 근처 슈퍼마켓에서는 팔지 않아. 열심히 찾아봐야 할 거야) : 아주 정밀한 침(탐침), 그리고 예를 들어 볼프람과 같은 에너

지 컨덕터, 전극이 달린 피에조 전기 튜브, 스캐너 한 세트, 데이터 처리 장치

이 기술을 실제 이루어지게 하려면 아주 정밀한 탐침과 컨덕터가 사용된다. 탐침과 시료 사이에 전압을 걸어 준 다음 탐침을 시료에 나노미터 수준으로 가까이 접근시키면 시료의 전자들이 터널 효과에 의해 탐침으로 흘러간다. 탐침이 모든 표면을 아주 가까이 그러나 절대 닿지는 않고 훑고 지나가게만 한다. 시료에서 나와 탐침으로 뛰어든 전자는 가까이 가면 갈수록 수가 늘어난다. 그러므로 탐침을 고정시켜 놓고 시료 위를 지나갈 때 기록되는 전자의 양에 의해서 시료가 어떤 요철을 가지고 있는지 알 수 있다(터널 전류).

이젠 좀 알겠어? 이 도표를 보자.

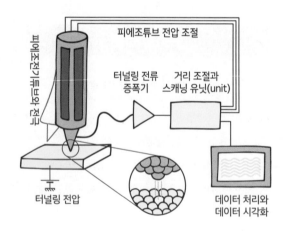

피에조전기 튜브와 전극

피에조튜브 전압 조절

터널링 전류 증폭기

거리 조절과 스캐닝 유닛(unit)

터널링 전압

데이터 처리와 데이터 시각화

아다의 머리를 복잡하게 만든 시그마 아저씨 : 부엌에서의 터널 효과

"근데 터널 효과 현미경은 좀 촌스러운 점이 있네요."

아다가 지적했다.

"그건 그렇고 이젠 전자레인지를 정리해야 할 것 같아요."

막스가 그 점을 명확하게 했다.

"그렇지만 조심해. 전기선의 피복이 많이 벗겨졌어."

"내가 하마!"

시그마 아저씨가 피복이 벗겨져 구리가 드러난 전기선을 향해 달려들었다.

"손대지 마세요! 미쳤어요?"

아다와 막스가 동시에 소리쳤다.

"그만 조용히 해! 이 철부지들아! 구리는 쉽게 산화돼. 산화된 구리는 1등급의 절연체야. 그래서 피복이 벗겨진 구리선을 만질 때, 그러니까 절연체인 산화된 전선에 나의 이 부드럽고 정교한 감각의 손가락을 갖다 대도 상관없어. 전자들이 전선에서 뛰쳐나와 몸속으로 들어오긴 어렵……."

도체는 전자를 자유롭게 이동할 수 있게 허용한다. 그리고 이 움직임을 전류라고 한다. 반대로 **절연체**는 전자가 절연체를 뚫고 지나가는 것을 허용하지 않는다.

"아저씨! 돼지 구울 일 있어요? 괜찮아요?"

"아다 말이 맞아요."

막스도 거들었다.

"산화된 구리 장벽이 너무 얇아서 전자가 터널 효과에 의해 뚫고 나갈 수도 있잖아요. 전기는 산화물도 뚫고 지나갈 수 있다고요. 감전될 수도 있고."

시그마 아저씨는 당황해서 어쩔 줄 몰랐다.

"양자가 우리에게 영향을 주는 것처럼 상당히 인상적이네. 우리 일상적인 세계가 양자의 세계와 같다면 정말 미쳐 버릴 거야. 혼란 그 자체일 테고. 너 지금 양자 세계의 프리즌 브레이크(탈옥)를 상상하고 있지?"

"잘 모르겠어요, 시그마 아저씨. 그건 별로 논리적인 것 같진 않아요."

막스는 확실히 정리된 것이 하나도 없어 보였는데, 아다는 모든 것이 조금은 분명해진 것 같았다. 부엌을 정리하라고 잔소리를 듣기 전에 아다는 얼른 도망쳤다.

"모르티메르에게 먹을 것 좀 사 주자!"

막스도 햄버거 타는 듯한 냄새를 더 이상 참을 수 없었다.

시그마 타임

막스와 아다가 부엌에서 나오자 시그마 아저씨는 혼자 남게 되었다. 프리즌 브레이크에 대한 감동 때문에 꼼짝도 하지 않았다. 그래서 부엌 식탁 위에 올라가 물을 좀 머금고 양치를 한 다음 큰소리로 터널 효과에 바치는 노래를 불렀다.

뉴턴조차도 너의 프로젝트엔

충분하지 않지만,

슈뢰딩거는 너를 곤혹스럽게 만든

모든 것을 설명해 주네.

양자물리학은

정말 맛있는 요리처럼

터널 효과를 갖춘

불가사의한 과학을 불러냈다네.

만일 네가 감옥에 갇혀 있는데

어느 날 탈옥하고 싶다면

터널 효과를 응용해 봐!

거품처럼 몰래

빠져나올 수 있을 테니까.

모르티메르는 시그마 아저씨만 뚫어지게 바라보았다. 고양이여
서 아무것도 이해할 수 없었지만 왠지 마음에 들지 않았다. 왜냐하
면 아저씨 노래가 별로였으니까. 그러나 모르티메르는 시그마 아
저씨가 이 세상 그 누구보다 가장 지혜로운 인간이라는 사실을 순
순히 받아들이기로 했다.

양자론 테스트

너에겐 터널 효과가 주는 양자적인 능력이 있니?

1. 네가 아침에 일어나 거울을 봤을 때

　a. 보기 흉한 얼굴이 보인다.

　b. 결합된 파동을 본다. 가끔은 베개에 대고 잤던 오른쪽 볼과 결합된 파동을.

　c. 아무것도 보이지 않는다. 아직 안경을 쓰지 않았다.

2. 영화관에 들어가려면

　a. 입장권을 사고 가끔씩 팝콘도 산다.

　b. 문으로 통과하지 않았는데 어떻게 된 영문인지 어느새 상영관 의자에 앉아 있는 너를 발견한다.

　c. 〈스타워즈〉 이워크족 영화를 본다.

3. 자전거를 타다가 넘어지면

　a. 타박상에 대해 책임을 진다. 얼른 일어나 흙먼지를 털고 아무도 안 봤길 빈다.

　b. 지구 표층을 뚫고 들어가 지구 한복판으로 들어간다. 그곳에서 다른 원소들과 융합한다.

　c. 아무 일도 일어나지 않았다. 다만 무릎과 팔꿈치, 머리, 다 붙어 있다. 자전거 뒷바퀴도.

4. 네가 친구를 강하게 포옹했을 때

a. 아주 기분이 좋다. 거의 언제나 '망할 놈, 너를 좋아해.' 라는 말로 끝난다.

b. 융합으로 마무리된다. 텔레비전이 스스로 켜질 정도로 강한 에너지를 방출한다.

c. 포옹을 잘 하지 않는다. 다른 사람 옷에 묻은 진드기가 알레르기를 일으키기 때문이다.

5. 교실 제일 맨 마지막 줄에 앉았을 때

a. 칠판에 쓰인 글씨가 한 자도 보이지 않는다. 그래서 잠시 옆줄에 앉아 있는 친구와 게임을 한다.

b. 프로젝터를 구성하고 있는 원자들을 스캔할 수 있다. 그리고 첫 번째 줄에 앉아 있는 친구가 볼펜 플라스틱 몸체에 바늘로 새긴 글자를 훔쳐볼 수 있다.

c. 마지막 줄이 있어?

대부분 a라고 대답한 경우 : 유감이다. 너는 모차르트 음악보다 더 고전적이다. 네 삶은 너를 둘러싸고 있는 모든 사람들의 삶과 마찬가지로 고전물리학 법칙에 의해 규제될 것이다. 벽을 뚫고 지나간다고 벽에 부딪히는 일은 절대로 하지 마라. 다치기만 할 테니까.

대부분 b라고 대답한 경우 : 믿을 수 없다. 터널 효과의 양자 능력을 가진 0퍼센트의 사람에 속한다. 망토를 사서 페이스북에 예를 들면 〈안녕, 이건 터널이야!〉 계정을 열어 보렴. 대책을 세우기 어려운 난처한 경우에 봉착해도 꿋꿋하게 헤치고 나아갈 수 있을 것이다. 이런 경우 오히려 망토를 사는 것이 위험을 불러올 수도 있다. 따라서 그런 생각은 버려라!

대부분 c라고 대답한 경우 : 여기서 알 수 있는 것은 네가 정말 괴짜라는 것이다.

양자론을 차용한 변명

'물리 법칙이 현실에서 구현된 것을 변명'하는 장면.

네가 교실에 늦게 도착했을 때……

"죄송해요, 선생님. 사실 저는 8시부터 이미 제 자리에 앉아 있었어요. 그런데 터널 효과 때문에 가능성으로만 남아 있던 저의 파동이 저를 정원과 화장실 사이에서 20분씩이나 진동하게 만들었어요. 그래서 이제야 겨우 교실로 들어왔어요. 다음부터는 조심할게요!"

CHAPTER 7

슈뢰딩거 고양이

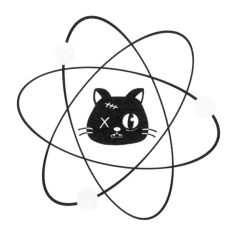

아다와 막스는 이모 없이 보내는 마지막 날을 거리에서 놀면서 보내기로 했다. 이모는 오늘 오후면 집에 돌아올 예정이었다. 막스는 포켓몬을 사냥했고, 아다는 분필로 **슈뢰딩거의 방정식**을 보도와 거리에 썼다. 아다는 하트를 그리거나 그 밖에 바보 같은 것을 그리는 일은 시대에 뒤처지는 일이라고 생각했다. 막 불확정성의 원리를 담아낸 위대한 작품을 마무리 지었을 때, 모르티메르가 아다를 가로질러 갔다. 은밀하고 재빠르게.

"모르티메르 좀 봐. 입에 쥐를 물었어!"

막스는 고개도 까닥하지 않고 휴대폰만 쳐다보았다.

"그 쥐는 죽었을 거야."

"어떻게 알아? 쳐다보지도 않았잖아. 중첩 상태에 있는 것과 같이…… 모르티메르가 어떻게 할지 살펴보자!"

전설의 포켓몬이 나타났다고 하더라도 막스는 선택의 여지가 없었다. 무엇이 첫 번째가 되어야 하는지는 너무나 분명했다.

고양이는 시그마 아저씨 집 방향에 있는 관목 사이로 숨어 들어갔다. 막스와 아다도 그곳으로 달려가 아저씨네 집 문을 두드렸다. 그러나 아무도 문을 열어 주지 않았다. 집 안엔 아무도 없는 듯했다.

둘이 맡은 사명은 여기까지인 것 같았다. 그러나 어떤 일에도 쉽게 굴복하지 않는 아다는 살짝 열린 부엌 창문을 발견했다. 아다는 사슴처럼 가볍게 폴짝 뛰어 난간을 잡고 진짜 닌자처럼 창문에 기어올랐다. 그리고는 공중제비돌기를 해 가며 부엌에 침투하는 데 성공했다. 부엌문까지 고양이 발을 하고 살금살금 걸었다. 그다음 문을 열려고 하는데, 더러운 신발이 눈에 들어왔다.

"너 어떻게 들어왔어?"

"우체통 밑에 열쇠가 있었어. 자력이 있는 열쇠지 뭐야. 우체통은 금속이고. 그래서 그 밑에 숨겨 둘 수 있었던 거야. 시그마 아저씨는 정말 대단한 과학자야. 앞을 잘 내다본다니까."

"빨리 고양이가 어디 숨어 있나 살펴보자."

부엌, 거실, 서재, 화장실, 침실까지. '프스프스프스'와 '야아옹 야아옹' 등의 소리를 내며 구석구석 살펴보았지만 모르티메르를 찾을 수 없었다. 이제 남은 하나는 시그마 아저씨가 실험실로 사용하는 지하실이었다.

소리를 내지 않고 문을 가로질러 내려갔다. 아저씨의 실험실은 마을 장터에 온 것처럼 물건이 가득했다. 없는 것이 있다면 그것은 솜을 파는 가게와 낙타 경주로뿐이었다.

실험실에는 다섯 개의 실험대와 길고 높은 탁자가 있었다. 과학자에게 필요한 모든 장비를 다 갖추었고, 게다가 반쯤 먹다 남긴 왕새우도 있었다. 마지막 실험대 곁에 선 아다가 드디어 입을 열었다.

"아하, 시그마 아저씨의 양자 사원이네. 여길 봐. 간섭계, 극저온 시스템……. 우와! 강력한 레이저도 있어."

"이 정도 장비면 멋진 실험도 가능하겠는데. 여기 낙서해 놓은 것 좀 봐."

막스가 종이 뭉치를 가리키며 말했다.

아저씨의 종이 뭉치는 총천연색이었다. 세무사 사무실이라고 적힌 봉투에는 정말 멋진 실험인 '카시미르 효과 이론'에 대한 낙서를 해 놓았다는 걸 알 수 있었다. 전단지 여백에 휘갈겨 써 놓은 것도 있었다. 음식점 냅킨에도 숫자와 방정식이 여기저기 쓰여 있었다. 《돈키호테》와 《성경》보다 더 두꺼운 양자론 책은 종이쪽지가 바람에 날리지 않도록 눌러두는 용도로 사용되었다.

아다와 막스는 이제 막 디즈니랜드에 들어온 사람들 같았다. 모든 것이 둘을 위해 펼쳐진 세상 같았다. 그러나 이윽고 들려온 고양이 울음소리에 둘은 꿈에서 화들짝 깨어났다. 모르티메르였다. 모르티메르는 상자 안에 있었다. 실험실 한쪽 구석에는 커다란 상자가 있었고, 그 안에서 모르티메르가 발로 쥐를 누르고서 울고 있었다.

막스 으악, 끔찍해! 죽은 쥐를 빨리 쓰레기 통에 가져다 버려야겠어.

아다 무슨 말이야? 만일 우리가 그 쥐를 다시 살리려고 한다면? 혹시 양자적으로만 죽은 것은 아닐까? 중첩 상태에 있는 것은 아닐까? 평행 우주에 있는⋯⋯.

막스 우리가 지금까지 배운 것 다 잊었어? 우리는 양자 세계에 있는 게 아니라고. 쥐는 죽었거나 살아 있거나 둘 중 하나야. 게다가

우린 바라보고 있을 수밖에 다른 방법은 없어. 모르티메르한테
잡혀 있으니까.

아다 산통 깨네! 그렇지만.

막스 아니라고!

아다 그런데 만일······.

막스 아니라니까!

아다 우리가······.

막스 아냐!

아다 좀비 고양이!

막스 으으음······. 알았어.

아다 살아 있으면서 죽은 고양이. 좀비처럼 말이야. 시그마아저씨 책에

서 읽은 적이 있어. 그것을 '슈뢰딩거의 고양이 실험'이라고 했어.

심화 자료 돋보기

오스트리아의 물리학자 어윈 슈뢰딩거는 양자물리학의 아

버지 중 한 사람이다. 1926년 스위스에 있는 아로사로 크리

스마스 여행을 갔다가 그곳에서 양자역학의 기본 작동 원리

를 설명해 주는, 슈뢰딩거의 방정식을 만들었다. 긴장을 풀러

간 스위스 온천 여행에서 말이다. 그러면 진짜로 일할 때에는

어땠을까 한번 상상해 보렴.

아다와 막스는 양자론 책이 있는 곳으로 달려가 책의 중간쯤을

펼쳤다. 잠시 후 찾던 것을 발견했다.

고비용 실험

재료 : 방사성 원소, 가이거 계수기, 전자 시스템, 독, 상자,

살아 있는 고양이

양자론이 주는 주의 사항

가이거 계수기는 입자를 셀 때 사용하는 시스템이다. 일반적으로 방사선을 측정하는 기구이다. 독일의 물리학자인 한스 가이거(여기에서 이름이 왔다)와 영국의 물리학자인 어니스트 러더퍼드가 고안하였다. 가이거는 훗날 나치에 합류하여, 독일의 원자 폭탄 제조에 참여했다. 가이거에게는 폭탄보다는 계수기 제작이 훨씬 더 나은 작업이었다.

방법: 방사성 원소를 가이거 계수기와 함께 설치한다. 계수기를 독성 물질과 함께 통풍구가 달린 장치에 연결한다. 계수기가 입자를 탐지하면 통풍구는 독이 빠져나갈 수 있게 열려야 한다. 상자 안에 모든 것을 집어넣고 고양이를 상자 안으로 유도한 다음 상자를 닫는다.

아다 상자를 닫으면 우리는 그 안에서 무슨 일이 일어나는지 알 수 없어. 방사능은 양자적인 과정을 담고 있어. 그래서 방사성 입자는 측정하기 전에 중첩의 상태에 있게 되지. 방사선을 방출할 확률도 방출하지 않을 확률도 모두 존재해. 가이거 계수기 역시 중첩의 상태에 있기 때문에 방사성을 추적할 수도 있고 추적하지 않을 수도 있어. 그러므로 독을 담고 있는 상자의 통풍구가 작동할 수도 작동하지 않을 수도 있지. 그래서 독은 용기 안에 퍼져 있을 수도 있고 밖으로 새어 나올 수도 있어. 따라서 고양이는 독을 마실 수도 있고 마시지 않을 수도 있어. 우리가 상자를 열기 전에는……. 고양이는 살아 있을 수도 있고 동시에 죽어 있을 수도 있는 거야.

우리가 좀비 고양이를 만든 거야.

막스 실험을 직접 해 보려면 방사성 원소와 가이거 계수기가 있어야 해. 그리고 이게 가장 어려운데, 독성 물질도 있어야 해.

아다 도대체 네 창의성은 어디다가 뒀니? 지금 우린 시그마 아저씨 실험실에 있잖아. 여기에선 모든 게 가능하다고.

막스 옳은 말만 하는구나. 그럼 방사성 원소부터 시작하자. 여기 방사성 우라늄이라고도 할 수 있는 플루토늄 소금이 있는데.

아다 그리고 바나나도 있어. 바나나는 방사성 물질인 칼륨 40을 가지고 있거든. 주위에 널린 바나나를 가지고도 방사성 원소를 얻을 수 있어.

막스 그렇다면 가이거 계수기는?

아다 안드로이드 휴대폰에는 방사선을 측정할 수 있는 앱이 있어. 내가 다운받을게.

막스 그럼 바로 시작하자. 우리를 막을 사람도 없으니까. 그런데 독성 물질은 어떻게 하지?

아다 언젠가 독에 대해서 읽었는데…….

막스 너 좀 무섭다!

아다 아, 생각났어! 식초와 과산화수소를 섞으면 독성을 가진 과아세트 산이 만들어져. 그리고 고양이는 여기 있고, 상자도 있고. 준비 끝!

√ **바나나**

√ **휴대폰**

√ **식초**

√ **과산화수소**

√ **고양이**

√ **통풍구**

√ **상자**

이제 모든 것이 다 준비됐다. 둘은 마치 환상의 콤비인 명탐정 셜록과 왓슨이 된 것 같기도 하고, 과학자 부부인 피에르 퀴리와 마리 퀴리가 된 것 같기도 했다. 곧 혁명적인 실험으로 독에 감염된 첫 번째 좀비 고양이를 만들어 낼 것이다.

막스가 설계를 맡았다. 필통에 든 휴대폰 옆에 바나나를 놓은 다음, 식초와 과산화수소의 혼합을 통해 만든 치명적인 독성 물질을 아래쪽에 작은 구멍이 있는 조그만 용기에 담는다. 다만 구멍은 끈으로 막아 놓는다. 끈은 필통에 묶고, 필통은 상자 옆쪽에 붙여 놓은 막대기 위에 균형을 잘 잡아 올려놓는다. 비행기 탑승 모드에 맞쥐진 휴대폰이 바나나 방사성 물질을 감지하면 진동할 것이다. 그러면 줄을 강하게 잡아당겨 결국 필통이 떨어질 것이다. 결과적으로 독성 물질이 담긴 용기의 구멍이 열릴 테고, 상자는 독으로 가득 찰 것이다. 계획은 거의 전문가급이었다.

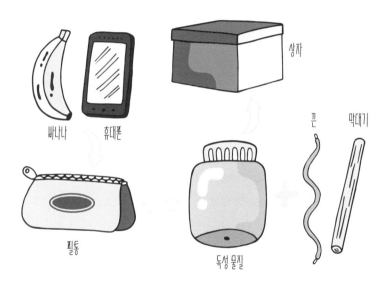

바나나   휴대폰   상자   끈   막대기

필통   독성 물질

통화는 금지시킨 채 실험 장치의 일부로 작동할 수 있도록 휴대폰을 비행기 탑승 모드에 맞춰 놓았다. 모든 준비를 마치고 모르티메르를 다시 바라보았다. 아다는 상자 안에 있던 고양이를 덥석 잡아, 절대로 하지 않을 것만 같았던 가벼운 입맞춤을 했다. 막스도 마찬가지였다. 둘은 잽싸게 모르티메르를 다시 상자 안에다 넣고 상자를 닫았다. 볼펜으로 상자에 '생물학적 위험 물질'이라고 쓴 라벨을 붙였다. 이렇게 하는 것이 좋을 것 같았다. 이젠 뭘 하지? 봉인할 차례다. 아무도 상자 안에서

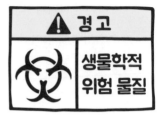

무슨 일이 일어나는지 알 수 없다. 아니면 중첩을 깨야 했다. 봉인!

양자론이 주는 주의 사항

방사성 원소로서의 고양이는 누군가 상자를 열 때까지는 살아 있는 것과 죽어 있는 것의 중첩 상태에 있다. 우리가 아는 바에 따르면 상자를 열고 그것을 측정하면, 시스템은 곧바로 붕괴되고 만다. 방사성 원소는 존재하든지 해체되어 버릴 것이다. 독을 완전히 비워 내든지 아니면 상자에 없든지, 고양이를 살아 있게 하든지 아니면 죽게 만들든지 할 것이다. 바로 이것이 전통적인 양자론이 의미하는 바였다(코펜하겐 해석). 그러나…… 이것이 의미가 있을까?

그때 시그마 아저씨가 라일락 그림의 두건이 달린 망토를 쓰고 지하실에 모습을 드러냈다. 발가락 사이에 솜을 끼우고, 수건으로

는 머리를 감싸고 있었다.

"잘 있었니? 우리 미래 과학자 동지들! 그런데 여기서 뭘 하고 있지? 그 엉뚱한 머리로 무슨 생각을 하고 있는 거야?"

"모르티메르를 좀비로 만들고 있어요."

"걸어 다니는 시체 말이에요."

"아니에요! 우리는 슈뢰딩거의 고양이 실험을 하고 있어요. 살아 있거나, 죽어 있는 중첩 말이에요."

"너희, 중첩이라고 했어? 살아 있거나 죽어 있는? 내가 잘못 들은 거 아니고? 붕괴에 대한 속삭임? 내 위대한 친구 **슈뢰디**?"

시그마 타임

시그마 아저씨는 축구 선수들이 골 세리머니를 하는 것처럼 바닥에 몸을 던졌다. 그러고는 두건을 벗어 던진 다음 주머니에서 빗을 꺼내 앞머리를 한번 정갈하게 빗고 벌떡 일어나면서 이렇게 선언했다.

"슈뢰딩거의 고양이 실험은 **사고 실험**이야!"

"아저씨, 저도 그걸 이해할 수 있으면 좋겠어요."

"그건 멘탈을 실험하는 거라고! 그동안 아무도 이 실험을 직접 하지 않았고, 앞으로도 아무도 하지 않길 바랐는데. 그건 단지 우리 머

225

릿속에서만 존재하는 거야. 상상할 수만 있는 거지. **실현 불가능한 거라고. 모순이거든.** 단지 양자물리학이 가지고 있는 해석 문제를 보여 주는 데만 쓸모가 있어. 다시 말해서 양자론 중에서 이 부분에 대해 이해한 사람이 단 한 명도 없다는 것을 보여 주기 위한 거야!"

심화 자료 돋보기

그렇다면 슈뢰딩거는 왜 이런 짓을 했을까? 그 이유는 비록 슈뢰딩거는 양자론을 창조하는 데 일조하긴 했지만, 한편으로는 양자론을 엄청 증오했기 때문이다. 양자론과 관련하여 살펴볼 것이 있다는 것 자체가 유감이라는 말까지도 했다. 이것이 그를 역사상 가장 유명한 과학자 중 하나로 만들었고, 훗날 노벨상 수상의 영광까지 안겨 주었다.

슈뢰딩거의 고양이 실험은 해결책이 없으므로 모순이라고 할 수 있어. 슈뢰딩거는 양자의 예측 자체가 가지고 있는 이상한 성질, 즉 중첩을 보여 주기 위해 이를 만들었지. 무슨 말을 하든지 간에 양자 이론을, 다시 말해 고양이가 동시에 살아 있을 수도 있고 죽어 있을 수도 있다는 말을 믿을 사람이 누가 있겠어? 아. 무. 도. 없. 어!

만일 네가 고양이를 방사성 원소와 독가스와 함께 상자 안에 넣는다면, 고양이는 죽을 거야. **절대로 그런 짓을 해서는 안 돼!**

⚠ 경고
절대로 슈뢰딩거의 고양이
실험을 따라 하지 마시오.

그동안에도 인류는 양자의 세계가 어떤 식으로 움직이고 있는지를 좀 더 잘 이해하기 위해 계속 양자론에 대해 연구해 왔어. 이 모순은 우리 우주에 대해 알아야 할 것이 아직도 많이 남아 있다는 것을 보여 주고 있어. 결론적으로 슈뢰딩거 고양이의 모순은 고양이를 좀비로 만드는 데에는 별 쓸모가 없어!

침묵.

"잠깐만, 잠깐, 잠깐. 너희 말이야. 그런데 뭘 하고 있다고 이야기했지?"

침묵.

"여기 안에 들어 있는 것이 모르티메르니?"

아저씨가 상자를 가리키며 물었다.

아다는 얼굴이 창백해졌고, 막스는 머리를 쥐어뜯었다. 시그마 아저씨는 펄쩍펄쩍 뛰면서 예민해졌다.

또 다른 침묵 속에서 현관문을 두드리는 소리가 들려왔다. 소리는 곧 잠잠해져 잠시 기다리나 했더니 안으로 거침없이 들어와 지하실까지 내려왔다. 이모였다.

"아이고, 우리 예쁜 녀석들! 마침내 너희를 다시 만나는구나. 그건 그렇고 너희 시그마 연구실에서 뭘 하고 있었던 거니?"

"이모!"

아다와 막스는 방금 도착한 이모에게 두 팔을 벌리고 뛰어갔다.

"너희가 날 이렇게 반기리라고는 생각 못했는데. 잘 지냈니? 시그마도 잘 보살피고? 모르티메르는? 우리 사랑스러운 냥이 어디 있지?"

막스와 아다 그리고 시그마 아저씨는 동시에 침을 꿀꺽 삼켰다.

이 비극적인 순간에 셋 중 가장 용감한 막스가 잘 봉인된 상자를 가리켰다.

"지금 과학 실험 중이에요."

아다가 시치미를 떼며 말했다.

"내 고양이가 실험 중이라고? 빨리 상자를 열어 보렴!"

아다와 막스가 이모에게 혹시나 있을지도 모르는 위험에 대해 경고하기도 전에 시그마 아저씨가 칼을 집어 들더니 상자의 봉인을 뜯었다. 상자를 열자……

"야아아아옹!"

"모르티메르!"

모두 입을 모아 소리쳤다.

모르티메르는 상자에서 뛰어나와 이모 다리에 몸을 비비기 시작했다. 셋은 기쁨을 감출 수 없었다. 모르티메르는 확실하게 살아 있었다!

양자론이 주는 주의 사항

양자역학에서 관찰자의 문제는 사고 실험에서 본다면 아주 재미있다. 왜냐하면 상자를 열 때까지는 고양이가 동시에 살아 있을 수도 죽어 있을 수도 있기 때문이다. 누군가 고양이를 바라보는 것이 그토록 중요할까? 그것을 본 사람이 아무도 없다면 현실이 존재할까? 아인슈타인은 양자적 현실이라는 이러한 관점에 대해 강하게 반대했기에 다음처럼 이야기하기에 이르렀다.

"내가 만약 달을 보고 있지 않아도, 저기 있는 달은 존재한다고 생각하고 싶다."

만일 네가 미쳐 버리고 싶다면 계속할 수 있다. 상자를 열기 전에 모든 것은 중첩의 상태에 있다. 상자를 여는 사람을 포함해서 모든 것을 다른 더 큰 상자 속에 넣는다면, 큰 상자를 열었을 때, 혹은 작은 상자를 열었을 때 무슨 일이 일어날까? 이 모순은 '위그너의 모순'이라고 알려져 있다. 무한한 현실을 창조하는 무한한 친구들이 든 무한한 상자를 설치할 수 있는 것이다. 이는 네가 거울 속에 또 거울 또 거울에 든 너의 모습을 바라보는 것과 같다. 거울 속에 비친 네 모습은 무한할 것이다.

그날 밤, 막스는 이모에게 며칠 동안 양자물리학에 대해 배운 것들을 이야기했다. 중첩, 터널 효과, 결깨짐, 순간 이동…….

이모가 비스킷을 준비하는 동안 시그마 아저씨는 자기 꼬리를 물려고 하는 모르티메르와 재미있게 놀아 주었다.

아다는 온전히 양자의 세계로 몸을 던지게 만들었던 그 고양이

를 뚫어지게 바라보았다. 그리고 엉뚱한 질문이 떠오르는 것을 막

을 수 없었다.

"여기 있는 모르티메르는 살아 있는 거야. 그러나 평행 세계에

있는 고양이는……."

너의 과학 아이디어를 위한 공간

....

....

....

....

....

....

....

....

....

....

....

....

....

....

....

....

....

....

....

....

....

....

좀비 고양이와 함께 배우는 양자물리학

초판 1쇄 2018년 11월 28일
초판 2행 2020년 6월 19일

지은이 빅반
옮긴이 남진희

책임편집 신정선
마케팅 강백산, 강지연
디자인 이정화

펴낸이 이재일
펴낸곳 토토북
주소 04034 서울시 마포구 양화로11길 18, 3층 (서교동, 원오빌딩)
전화 02-332-6255
팩스 02-332-6286
홈페이지 www.totobook.com
전자우편 totobooks@hanmail.net
출판등록 2002년 5월 30일 제10-2394호
ISBN 978-89-6496-388-3 43420

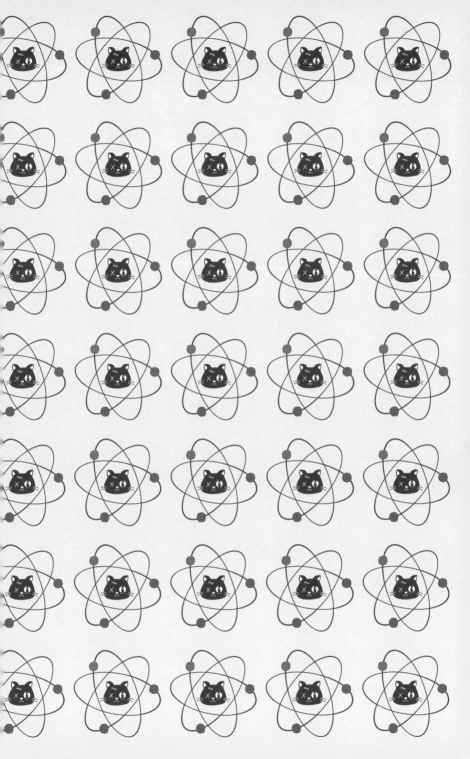